U0174996

中央就是太阳。在这华美的殿堂里，为了能同时照亮一切，我们还能把这个发光体放到更好的位置上吗？太阳堪称为宇宙之灯，宇宙之头脑，宇宙之主宰……于是，太阳坐在王位上统率着围绕它旋转的行星家族。

——哥白尼

哥白尼用这本书"向自然事物方面的教会权威挑战。从此自然科学便开始从神学中解放出来"

——恩格斯

科学元典丛书·学生版

The Series of the Great Classics in Science

主　　编　　任定成

执行主编　　周雁翎

策　　划　　周雁翎

丛书主持　　陈　静　　张亚如

　　科学元典是科学史和人类文明史上划时代的丰碑，是人类文化的优秀遗产，是历经时间考验的不朽之作。它们不仅是伟大的科学创造的结晶，而且是科学精神、科学思想和科学方法的载体，具有永恒的意义和价值。

科学元典丛书·学生版

天体运行论

·学生版·

（附阅读指导、数字课程、思考题、阅读笔记）

[波兰] 哥白尼 著　叶式辉 译　易照华 校

北京大学出版社

PEKING UNIVERSITY PRESS

图书在版编目(CIP)数据

天体运行论：学生版/（波兰）哥白尼著；叶式辉译.—北京：
北京大学出版社，2021.4
（科学元典丛书）
ISBN 978-7-301-31961-1

Ⅰ.①天…　Ⅱ.①哥…②叶…　Ⅲ.①日心地动说-青少年读物
Ⅳ.①P134-49

中国版本图书馆 CIP 数据核字（2021）第 006143 号

书　　　名	天体运行论（学生版）	
	TIANTI YUNXINGLUN（XUESHENG BAN）	
著作责任者	［波兰］哥白尼 著　叶式辉 译　易照华 校	
丛书主持	陈　静　张亚如	
责任编辑	李淑方	
标准书号	ISBN 978-7-301-31961-1	
出版发行	北京大学出版社	
地　　　址	北京市海淀区成府路 205 号　100871	
网　　　址	http://www.pup.cn　新浪微博:@北京大学出版社	
微信公众号	科学元典（微信公众号：kexueyuandian）	
电子信箱	zyl@pup.pku.edu.cn	
电　　　话	邮购部 010-62752015　发行部 010-62750672	
	编辑部 010-62767857	
印　刷　者	北京中科印刷有限公司	
经　销　者	新华书店	
	787 毫米×1092 毫米　32 开本　7.5 印张　110 千字	
	2021 年 4 月第 1 版　2021 年 4 月第 1 次印刷	
定　　　价	38.00 元	

弁　言

Preface to the Series of the Great Classics in Science

任定成

中国科学院大学　教授

一

改革开放以来,我国人民生活质量的提高和生活方式的变化,使我们深切感受到技术进步的广泛和迅速。在这种强烈感受背后,是科技产出指标的快速增长。数据显示,我国的技术进步幅度、制造业体系的完整程度,专利数、论文数、论文被引次数,等等,都已经排在世界前列。但是,在一些核心关键技术的研发和战略性产品的生产方面,我国还比较落后。这说明,我国的技术进步赖以依靠的基础研究,亟待加强。为此,我国政府和科技界、教育界以及企业界,都在不断大声疾呼,要加强基础研究、加强基础教育!

那么,科学与技术是什么样的关系呢?不言而喻,科学是根,技术是叶。只有根深,才能叶茂。科学的目标是发现新现象、新物质、新规律和新原理,深化人类对世界的认识,为新技术的出现提供依据。技术的目标是利用科学原理,创造自然界原本没有的东西,直接为人类生产和生活服务。由此,科学和技术的分工就引出一个问题:如果我们充分利用他国的科学成果,把自己的精力都放在技术发明和创新上,岂不是更加省力?答案是否定的。这条路之所以行不通,就是因为现代技术特别是高新技术,都建立在最新的科学研究成果基础之上。试想一下,如果没有训练有素的量子力学基础研究队伍,哪里会有量子技术的突破呢?

那么,科学发现和技术发明,跟大学生、中学生和小学生又有什么关系呢?大有关系!在我们的教育体系中,技术教育主要包括工科、农科、医科,基础科学教育主要是指理科。如果我们将来从事科学研究,毫无疑问现在就要打好理科基础。如果我们将来是以工、农、医为业,现在打好理科基础,将来就更具创新能力、发展潜力和职业竞争力。如果我们将来做管理、服务、文学艺术等看似与科学技术无直接关系的工作,现在打好理科基础,就会有助于深入理解这个快速变化、高度技术化的社会。

我们现在要建设世界科技强国。科技强国"强"在哪里?不是"强"在跟随别人开辟的方向,或者在别人奠定的基础上,做一些模仿性的和延伸性的工作,并以此跟别人比指标、拼数量,而是要源源不断地贡献出影响人类文明进程的原创性成果。这是用任何现行的指标,包括诺贝尔奖项,都无法衡量的,需要培养一代又一代具有良好科学素养的公民来实现。

二

我国的高等教育已经进入普及化阶段,教育部门又在扩大专业硕士研究生的招生数量。按照这个趋势,对

于高中和本科院校来说,大学生和硕士研究生的录取率
将不再是显示办学水平的指标。可以预期,在不久的将
来,大学、中学和小学的教育将进入内涵发展阶段,科学
教育将更加重视提升国民素质,促进社会文明程度的
提高。

公民的科学素养,是一个国家或者地区的公民,依
据基本的科学原理和科学思想,进行理性思考并处理问
题的能力。这种能力反映在公民的思维方式和行为方
式上,而不是通过统计几十道测试题的答对率,或者统
计全国统考成绩能够表征的。一些人可能在科学素养
测评卷上答对全部问题,但经常求助装神弄鬼的"大师"
和各种迷信,能说他们的科学素养高吗?

曾经,我们引进美国测评框架调查我国公民科学素
养,推动"奥数"提高数学思维能力,参加"国际学生评估
项目"(Programme for International Student Assess-
ment,简称 PISA)测试,去争取科学素养排行榜的前列,
这些做法在某些方面和某些局部的确起过积极作用,但
是没有迹象表明,它们对提高全民科学素养发挥了大作
用。题海战术,曾经是许多学校、教师和学生的制胜法

宝,但是这个战术只适用于衡量封闭式考试效果,很难说是提升公民科学素养的有效手段。

　　为了改进我们的基础科学教育,破除题海战术的魔咒,我们也积极努力引进外国的教育思想、教学内容和教学方法。为了激励学生的好奇心和学习主动性,初等教育中加强了趣味性和游戏手段,但受到"用游戏和手工代替科学"的诟病。在中小学普遍推广的所谓"探究式教学",其科学观基础,是 20 世纪五六十年代流行的波普尔证伪主义,它把科学探究当成了一套固定的模式,实际上以另一种方式妨碍了探究精神的培养。近些年比较热闹的 STEAM 教学,希望把科学、技术、工程、艺术、数学融为一体,其愿望固然很美好,但科学课程并不是什么内容都可以糅到一起的。

　　在学习了很多、见识了很多、尝试了很多丰富多彩、眼花缭乱的"新事物"之后,我们还是应当保持定力,重新认识并倚重我们优良的教育传统:引导学生多读书,好读书,读好书,包括科学之书。这是一种基本的、行之有效的、永不过时的教育方式。在当今互联网时代,面对推送给我们的太多碎片化、娱乐性、不严谨、无深度的瞬时知识，我们尤其要静下心来，系统阅读，深入思考。我们相信，通过持之以恒的熟读与精思，一定能让读书人不读书的现象从年轻一代中消失。

三

科学书籍主要有三种：理科教科书、科普作品和科学经典著作。

教育中最重要的书籍就是教科书。有的人一辈子对科学的了解，都超不过中小学教材中的东西。有的人虽然没有认真读过理科教材，只是靠听课和写作业完成理科学习，但是这些课的内容是老师对教材的解读，作业是训练学生把握教材内容的最有效手段。好的学生，要学会自己阅读钻研教材，举一反三来提高科学素养，而不是靠又苦又累的题海战术来学习理科课程。

理科教科书是浓缩结晶状态的科学，呈现的是科学的结果，隐去了科学发现的过程、科学发展中的颠覆性变化、科学大师活生生的思想，给人枯燥乏味的感觉。能够弥补理科教科书欠缺的，首先就是科普作品。

学生可以根据兴趣自主选择科普作品。科普作品要赢得读者,内容上靠的是有别于教材的新材料、新知识、新故事;形式上靠的是趣味性和可读性。很少听说某种理科教科书给人留下特别深刻的印象,倒是一些优秀的科普作品往往影响人的一生。不少科学家、工程技术人员,甚至有些人文社会科学学者和政府官员,都有过这样的经历。

当然,为了通俗易懂,有些科普作品的表述不够严谨。在讲述科学史故事的时候,科普作品的作者可能会按照当代科学的呈现形式,比附甚至代替不同文化中的认识,比如把中国古代算学中算法形式的勾股关系,说成是古希腊和现代数学中公理化形式的"勾股定理"。除此之外,科学史故事有时候会带着作者的意识形态倾向,受到作者的政治、民族、派别利益等方面的影响,以扭曲的形式出现。

科普作品最大的局限,与教科书一样,其内容都是被作者咀嚼过的精神食品,就失去了科学原本的味道。

原汁原味的科学都蕴含在科学经典著作中。科学经典著作是对某个领域成果的系统阐述,其中,经过长时间历史检验,被公认为是科学领域的奠基之作、划时代里程碑、为人类文明做出巨大贡献者,被称为科学元典。科学元典是最重要的科学经典,是人类历史上最杰出的科学家撰写的,反映其独一无二的科学成就、科学思想和科学方法的作品,值得后人一代接一代反复品味、常读常新。

科学元典不像科普作品那样通俗,不像教材那样直截了当,但是,只要我们理解了作者的时代背景,熟悉了作者的话语体系和语境,就能领会其中的精髓。历史上一些重要科学家、政治家、企业家、人文社会学家,都有通过研读科学元典而从中受益者。在当今科技发展日新月异的时代,孩子们更需要这种科学文明的乳汁来滋养。

现在,呈现在大家眼前的这套"科学元典丛书",是专为青少年学生打造的融媒体丛书。每种书都选取了原著中的精华篇章,增加了名家阅读指导,书后还附有延伸阅读书目、思考题和阅读笔记。特别值得一提的是,用手机扫描书中的二维码,还可以收听相关音频课程。这套丛书为学习繁忙的青少年学生顺利阅读和理解科学元典,提供了很好的入门途径。

四

据 2020 年 11 月 7 日出版的医学刊物《柳叶刀》第
396 卷第 10261 期报道,过去 35 年里,19 岁中国人平均
身高男性增加 8 厘米、女性增加 6 厘米,增幅在 200 个
国家和地区中分别位列第一和第三。这与中国人近 35
年营养状况大大改善不无关系。

一位中国企业家说,让穷孩子每天能吃上二两肉,
也许比修些大房子强。他的意思,是在强调为孩子提供
好的物质营养来提升身体素养的重要性。其实,选择教
育内容也是一样的道理,给孩子提供高营养价值的精神
食粮,对提升孩子的综合素养特别是科学素养十分
重要。

理科教材就如谷物,主要为我们的科学素养提供足
够的糖类。科普作品好比蔬菜、水果和坚果,主要为我
们的科学素养提供维生素、微量元素和矿物质。科学元
典则是科学素养中的"肉类",主要为我们的科学素养提

供蛋白质和脂肪。只有营养均衡的身体,才是健康的身体。因此,理科教材、科普作品和科学元典,三者缺一不可。

长期以来,我国的大学、中学和小学理科教育,不缺"谷物"和"蔬菜瓜果",缺的是富含脂肪和蛋白质的"肉类"。现在,到了需要补充"脂肪和蛋白质"的时候了。让我们引导青少年摒弃浮躁,潜下心来,从容地阅读和思考,将科学元典中蕴含的科学知识、科学思想、科学方法和科学精神融会贯通,养成科学的思维习惯和行为方式,从根本上提高科学素养。

我们坚信,改进我们的基础科学教育,引导学生熟读精思三类科学书籍,一定有助于培养科技强国的一代新人。

2020 年 11 月 30 日

北京玉泉路

目　录

下篇　学习资源

上　篇

阅读指导
Guide Readings

文艺复兴时期的巨人—哥白尼的治学态度和方法—哥白尼学说的时代局限性—哥白尼学说在中国的传播—《天体运行论》讲了什么

文艺复兴时期的巨人

李珩

天文学家,曾任中国科学院上海天文台台长

一

哥白尼(Nicolaus Copernicus,1473—1543)生活于文艺复兴时代。文艺复兴是欧洲文化和思想发展的一个巨变时期,也是由中世纪过渡到近代的一个转变时期。恩格斯称赞这时期,是一个人类前所未有的最伟大的进步的革命,是一个需要而且产生了巨人——在思想能力上、热情上和性格上,在多才多艺上和学识广博上的巨人的时代。文艺复兴开始于意大利,后来扩大到欧洲其他国家。西罗马帝国在"蛮族"入侵以前早已衰微。

1453 年东罗马帝国的首都君士坦丁堡（Constantinople）（今伊斯坦布尔，Istanbul）被土耳其人攻陷，希腊学者带着古代文学和科学的手抄本向西逃亡。于是，意大利成为新文化运动的策源地。哥白尼在那里留学 10 年，就熏陶在这种文化氛围中。

希腊学术的复兴使人们不但认识了过去，而且感受到希腊人治学的精神。他们对于古书中的权威理论和因袭信仰开始批评。思想解放之后，大家都很热情地去干一切事务。这便是那个时代的大发现与大发明的动机与结果。哥伦布（Cristoforo Colombo，约 1451—1506）发现美洲那一年，哥白尼才 19 岁。

文艺复兴显著地影响了 15 世纪的天文学。一个原因是从古希腊的书籍里发现了天文学的经典著作，另外一个原因是为时代精神所感召，人们再度抬头看天，从事实际观测。因为当时去海外经商和探寻新世界的航海人需用天文仪器和星星的方位表，以决定他们应该遵循的航线，又直接刺激了天文学的发展。另一方面，天文学和其他学术一样，因印刷术的发明，得以广泛地传播。在哥白尼以前，书籍须经过手抄，因而流行不广。

二

哥白尼祖先的情况已不可考,他本人的故事也是一鳞半爪拼凑起来的,还有不少遗漏之处无法弥补。原因是哥白尼在世时寂然无闻,其学说又不见重于当时,所以没有引起他同时代人的注意,没有记录留传下来。直到哥白尼去世后一百多年才有人开始来写他的传记,但已为时太晚。现在我们所知道的有关哥白尼身世的一点儿知识,也是经过许多学者努力考察出来的。

哥白尼的父亲曾在波兰当时的首都克拉科夫(Krakow)经商,由于他经商有道,很快就发了大财。1458年,事业有成的他迁居维斯杜拉河(Vistula River)下游的内陆港口城市托伦(Torun),这座城市商业十分繁荣。1464 年,他迎娶了托伦城一位大富商瓦茨罗德的女儿芭芭拉(Barbara Watzenrode)为妻。这对夫妻生育了四个孩子,两男两女,哥白尼是最小的一个,生于 1473 年 2月 19 日。现在,托伦城的圣阿伦巷还有一所房子,相传是哥白尼诞生之处。

托伦城位于西欧与东欧之间，是一个很繁荣的贸易中心。孩童时代的哥白尼常在维斯杜拉河边观看成群结队的帆船在河中航行，运送日耳曼和佛兰德斯（Flanders，欧洲北海边一带低地的旧称，即现今的荷兰、比利时和法国北部的一些地方）等地的工业品去换取中欧山区的矿石。哥白尼父亲的仓库就建在维斯杜拉河边。这里浓郁的商业气氛使哥白尼从小深受感染，他从中知道了一些商业门道。哥白尼后来从事波兰币制改革，涉足经济领域，也与儿时这段经历不无关系。

每年夏季，哥白尼的父亲为调剂忙碌的生活，常去其乡间葡萄园休假。他的旅伴中不但有自己的家属，而且还邀请城里的文化名人。这些精通文学和艺术的名人在少年哥白尼的脑海里留下了深刻的印象。其中，对哥白尼影响最大的人，是他的舅父卢卡斯·瓦茨罗德（Lucas Watzenrode，1447—1512）。然而好景不长，当哥白尼10岁的时候，父亲就去世了（他母亲先于父亲去世）。四个孩子成了孤儿，都由舅父抚养。这位舅父对于哥白尼的事业起了决定性的作用，所以我们下面要对他介绍一下。

卢卡斯·瓦茨罗德于 1447 年生于托伦,16 岁时进克拉科夫大学(1818 年改名为克拉科夫雅盖隆大学)学习,毕业后前往意大利留学。1473 年,瓦茨罗德以优异的成绩毕业于意大利博洛尼亚大学,获得教会法博士学位。学成归国后,瓦茨罗德在其故乡兴办学校,但不久即入教会供职。他因才能出众,迅速升迁。1489 年,罗马教皇钦命他为瓦尔米亚(Warmia)的采邑大主教(Prince-Bishop)。当时这个位于波兰东北部的城邦实行政教合一,主教除司理教会事务之外还兼管地方政务,主教的官邸在赫尔斯堡(德语 Heilsberg,现称利兹巴克瓦尔明斯基,波兰语 Lidzbark Warminski),大教堂却建在瓦尔米亚东北部的滨海小城弗龙堡(Frombork)。

瓦茨罗德主教先让哥白尼到圣约翰学校读书,不久又让他转入弗洛克拉维克城的教会中学。

三

哥白尼 18 岁的时候,告别了托伦城的朋友,到位于首都的克拉科夫大学去上学。哥白尼上大学的时候,正值从意大利而来的文艺复兴运动风起云涌之际。文艺复兴运动提倡从希腊古书中去寻找研究人与自然的途径,同时排斥中世纪只用逻辑推理去发现真理的方法。哥白尼在克拉科夫时已经开始感受到这种"人文主义"的影响——人文主义指欧洲文艺复兴时期的一种学风,以脱离教会势力,复兴古代文明的精神,提倡自由思想为宗旨,13 世纪末兴起于意大利,传入德、法、英、荷诸国,并引起后来的宗教改革。哥白尼后来在意大利留学,更深入地吸收了这种精神。

克拉科夫大学的注册簿上还记载有 1491 年秋季开学时 70 位新生的名单,其中便有哥白尼的名字。当时这个大学有很多外国留学生,来自日耳曼、匈牙利、意大利、瑞士和瑞典。那时的书籍是用拉丁文写的,大家都用拉丁文交谈。哥白尼的母语是德语,还会讲一点波兰语。在克拉科夫,哥白尼掌握了拉丁文,后来他的著作都是用拉丁文发表的。那时很少有人研究希腊学问,克拉科夫大学也没有希腊文课程。中世纪的大学生,不管将来的专业是牧师、律师还是医生,一年级时总在文学院注册,不过那时文学院里有些课程现今是归理学院讲授的。克拉科夫大学的主要课程是拉丁经典著作的阅读与解释。哥白尼在大学里念了六种标准课程，其中一种课程是学习和研究欧几里得（约前330—前275，是古希腊大数学家，著有《几何原本》，该书是世界上最早、最有系统的数学著作）。这门课程的内容涉及哲学、天文学、占星术、几何学与地理学。那时大学里的教学方法是教授和高年级学生提出问题，互相辩论。不过结论的选定并不依照道理是否充分，而只取决于是否合乎古代作家的观点。

当时，克拉科夫大学有一位著名教授，叫布鲁楚斯基（Albert Brudzewski），是一位波兰籍数学家和天文学家。虽然哥白尼没有听过这位教授的课，可是常到他那里去请教，因而受到他的熏陶。哥白尼在这位学者的启蒙和感召下，决定献身于天文学研究。他从布鲁楚斯基教授那里不但获得了天文学基本知识，而且学会了使用天文仪器。

虽然克拉科夫大学以讲授天文学著名，可是基本观点仍然是中世纪的。他们仍然遵循亚里士多德的物理学去解释天体的运动。这门课程的主要内容是教会的历书编制,还有根据天体位置推算命运的占星术。可是,那时因为航海的需要,人们需要观测天空来定位,于是天文学就有了一个新的重要用途。这种社会需要,也推动了一些人去学习天文学。15世纪是资本主义新兴的时期,欧洲人竞相海外探险和通商。航海的人不只沿着海岸旅行,而且进入浩渺的大洋。他们使用简单的天文仪器和预先编制的星历表(刊载某一类天体,例如行星,某些时刻在天球上的位置的表册,以备观测和研究之用),通过观测星星来推断船只在海洋里的位置。哥白尼进大学的第二年,哥伦布发现了美洲。

哥白尼在克拉科夫读书的时候,搜集了许多有关数学和天文学的书籍,这些书现今还保存着,书中空白处有不少哥白尼所写的注解,并且粘贴有他的计算草稿。从他这些手迹中可以看出,他在学习天文学的初期,便已想到他后来要建立的理论了。大约在1496年年初,哥白尼返回托伦,那时他已从克拉科夫大学毕业了,但他很可能没有获得学位。

四

　　瓦茨罗德主教很关心他外甥的前程,于是决定让哥白尼去意大利继续学习。因为,哥白尼以后要在教会工作,就必须通晓管理教会的法律。那时,意大利最有名的法律学校是博洛尼亚大学(Bologna University),建立于12世纪初。它是欧洲最古老的大学,也是世界上第一所大学。1496年秋季,哥白尼在舅父的安排下,从瓦尔米亚出发前往博洛尼亚留学。途经纽伦堡时,哥白尼还顺便去拜会了天文学家兼天文仪器制造家瓦特尔。

　　意大利是复兴希腊文化的策源地,吸引了成群结队的欧洲学生越过阿尔卑斯山去那里求学。当时,一些大学(例如巴黎大学)里教师们的组织很有权力,现今欧美许多大学的教授会也是这样。可是博洛尼亚大学却不同,学生的权力很大。因为,这所学校是由学生办理的。学生选举一位学监来做管理人,任期两年,在一个董事会的监督下办事,而董事们也是学生大会所选举的。博洛尼亚学生们的生活自由而舒适。教师们反而受着学生的管制。所有教师必须宣誓服从学监,否则便要被剥夺教书的权利。如果教师有迟到早退,讲课时闲言废语,省略教材内容,以及少于一定数量的听课学生等事情发生,便要受罚;教师如果有事缺课,须向学监和学生请假;教师离开博洛尼亚市时须交押金,如不按时返任,押金便要充公。如果教师结婚,婚假只有一天!

博洛尼亚大学的法学院相对于其他学院是独立的。法学院的学生年龄较长,而且多数已经在大学获得过学位。学生们按国籍组成同乡会。哥白尼参加了当时最大而且最有影响力的日耳曼同乡会,这个同乡会的注册簿上还有哥白尼于1496年秋季入会的记录。从博洛尼亚大学的传统中,我们可以推测哥白尼那时的学生生活:每天黎明教堂钟声敲响之时,他便起床去做礼拜,七点钟开始上课,连续两小时,其余时间自修,午餐后还有一个连续三个半小时的课程。课程内容除标准法律书籍的讲授之外,还有专题报告。另外一种课程,是老师与学生或学生之间的辩论。

哥白尼的专修课程是教会法。但是他兴趣广博,同时还研究许多学问,尤其是数学与天文学。对哥白尼影响最大的是天文学教授诺瓦拉（Domenico Maria di No-vara）。哥白尼可能住在这位教授家里，同他一道观测天象，并和他自由讨论怎样改进或简化托勒密（Claudius Ptolemaeus，约 90—168）的宇宙体系。诺瓦拉教授是文艺复兴运动的一位领导人物。他推崇古希腊哲学家毕达哥拉斯（Pythagoras，前 580 至前 570 之间—约前 500）等人的治学精神，在科学上主张以简单的几何图形或数字间的关系去表达宇宙的法则。后来，哥白尼对于天文学的伟大改革，便是沿着诺瓦拉所指的方向进行的。哥白尼的巨著《天体运行论》里记载的他最早的天文观测，便是始于博洛尼亚。这次观测是在 1497 年 3 月 9 日，目的是观测月亮遮掩金牛座一等明星（毕宿五）的现象。

1500 年，哥白尼来到罗马。由于经济困难，他以做数学和天文学方面的家庭教师为生。他在罗马居住了一年，并对 1500 年 11 月 6 日发生的月食进行了仔细观测。

五

1501 年夏天，哥白尼回到波兰。不久，又取得教会的资助,当年秋天他再度来到意大利,转入帕多瓦大学(University of Padova)。帕多瓦大学虽然也有法科,但以医科最为有名。这是哥白尼到那里去的一个原因。在帕多瓦大学,有一位兼通哲学、医学和天文学的教授弗腊卡斯多洛,他对这些学科都做出过有革新意义的贡献,他可能帮助哥白尼打破托勒密的地心体系。

哥白尼在帕多瓦大学完成了法律的学习,但他没有在那里取得学位,而是转入费拉拉大学(University of Ferrara),于1503年在费拉拉大学获得法学博士学位。中世纪欧洲大学颁授学位的典礼异常隆重,参加典礼的人大开筵宴,尽情欢乐,一切费用都要由新博士支付。因为这笔费用很大,常是博士学位获得者难以支付的,所以这种典礼经常是在另外一个大学秘密地举行,只邀请少数人参加,可以节省开支。哥白尼之所以转到费拉拉大学去毕业,也是这个缘故。他获得法学博士学位之后,又回到帕多瓦大学来专心学习医学。由于他本人并不想做医生,所以他没有打算去追求医科的学位。那时,教会认为教士应当通晓一点医术,以便医治他所管的人民心身两方面的疾病。哥白尼那时有教会提供的薪俸维持生活,可以有充裕的时间从事学习,不必去打工挣钱。

　　与现在大不相同的是,那时的医科教育只凭书本教学。医书上的所有知识,都是公元前五世纪左右希腊医生希波克拉底(Hippocratēs,约前460—前377),公元后二世纪罗马医生盖仑(约130—200年)和十世纪阿拉伯医生阿维森纳(980—1037)等古人遗留下来的陈规。实验医学在当时遭到的恨恶与不信任,正如今天人们对于招魂术那样。那时活体解剖是被禁止的,医科学校都是将处死了的犯人的尸体剖开,以验证书中的记载。教师先念一节书,助教加以解释,再由两位高年级学生指点,给学生们观看尸体中的某一部分。这些参加解剖课程的老师与学生都须在事后服用特殊的食物、美酒和香料,以资驱除晦气,补养身体。

　　天文学和医学在那时人们眼中是相隔不远的两个学科,一则因为那时的学问划分没有现今这样专门而完整,再则中世纪有一种神秘的思想,将人体的器官和宇宙中的天体对照来看待。像我国古人一样,中世纪的欧洲人也有"人身是一小天地"的看法。在中世纪的书中,还可以看见人体各器官与黄道十二宫对照的图画,例如以白羊宫与人的头部相对应，以双鱼宫与人的脚相对应之类。哥白尼去世后所刊行的一本书里，还将脑袋比为恒星的天球，眼睛比为太阳和月亮，耳、鼻、口比为五大行星。这些都是由占星术遗留下来的迷信。至于植物药物要按昼夜或按月份进行采集的要求，也是与治疗人体不同器官所对应的规则相联系；这种对应也使得天文学和医学有了相互关联。

这一时期，哥白尼学会了希腊文。掌握了希腊文，就可以使他直接阅读还没译成拉丁文的希腊学者的著作。阅读希腊古书更加启发了他脑子里酝酿已久的日心观念。1506年，哥白尼带着满脑子的日心观念，从意大利回到瓦尔米亚，他的留学生活便从此结束了。

六

哥白尼从意大利留学回来的时候，已经33岁，那时很少人能够得到他这么好的教育。他受过作为教士所需要的神学和哲学的教育，他对教会法的研究已经达到博士水平。同时他掌握了拉丁文，既能写，又能说，并且还可以阅读古代希腊文书籍。他下了很多功夫去研究许多希腊和罗马的经典著作,包括文艺作品、医学、数学和天文学著作。他从这些古书里得知希腊人在这方面的成就,他要在此基础上建立他自己的创造性的学说。

哥白尼留学归来,本应该回到弗龙堡大教堂,履行他教士的职务,可是舅舅瓦茨罗德主教想把哥白尼作为主教的继承人来培养。于是哥白尼便在赫尔斯堡主教官邸居住下来,以私人医生兼秘书的身份从事教区事务工作。这个城堡建筑在阿勒河畔弗龙堡西南 64 千米一个风景优美的乡村。那时的城堡常遭火灾和战争的损害,哥白尼在博洛尼亚求学时,赫尔斯堡还被焚毁过。但是瓦茨罗德主教把它重建起来,外面有坚强的防御工事,内部充满华丽的装饰陈设,好像当时帝王的宫殿一般。

哥白尼在其舅父身边的六年时间,参与了其舅父在当地的复杂的政治、经济、军事和外交方面的一系列事务。当时,这个地区是波兰和普鲁士的一个争议地区,围绕归属权问题双方争持不下。舅父命哥白尼出席波兰和普鲁士的国会,并以外交使节身份到克拉科夫去进行交涉。当时的公文往还、议事记录以及条约草案都出自哥白尼之手。

哥白尼在政事纷扰的环境里和豪华奢侈的府第中，仍能保持其冷静的头脑，从事彻底改造天文学的工作。他在克拉科夫做学生时，已经感觉到：如果假设以太阳、而不以地球为行星轨道的中心，那么看起来复杂的行星运动就可得到一个简单的解释。他留学意大利时更受到一些学者的影响，他们认为自然界的结构原本是简单的，因为我们没有了解它，所以才感觉它是复杂的。因而行星运动最简单的解释应当是最正确的解释。

哥白尼在赫尔斯堡这几年，将其多年来思考的理论着手整理写出来。大约在 1512 年或更早一点，他将其理论用拉丁文写了一篇简短的叙述，取名《要释》(*Commentariolus*)，并手抄几册分赠给少数可靠的朋友，而不敢刊印成书。这本小册子幸而保存下来，直到 19 世纪末才根据两种手抄本，整理刊布发行。这本《要释》不过是他研究的初步结果，但已预兆更大的收获即将到来。

哥白尼在赫尔斯堡的第六年，随其舅父到克拉科夫去参加波兰王的婚礼，在归途中这位主教舅父忽然病倒。他于 1512 年 3 月 29 日死在托伦城，享年 65 岁。其遗体运至弗龙堡，埋葬在他曾主持的大教堂内。舅父去世后,哥白尼离开赫尔斯堡,来到弗龙堡大教堂履行他的教士职务。1512 年 6 月 5 日,哥白尼在弗龙堡观测了火星冲日的天文现象,并做了记录。此时,地球位于火星和太阳之间,太阳落山时,火星就从东方升起,而太阳从东方升起时,火星才在西方落下。

七

弗龙堡从前是东普鲁士的一个小城镇(第二次世界大战后划归波兰),建筑在波罗的海海滨。市民住宅聚集在一座小山的周围,山上有一座庄严的大教堂,建于14 世纪。教堂周围建有坚固高大的城墙,墙上有箭楼。哥白尼在弗龙堡的 30 年中,就一直住在这座箭楼里面,这也是他观测天象的天文台。

弗龙堡教堂的教士中,有几人都是哥白尼的亲戚,因为那里的神父都是但泽(德语 Danzig;现称格但斯克,波兰语 Gdańsk)和托伦两处大家族的子弟,而这些大家族是互相婚配,亲上加亲的。哥白尼在弗龙堡的起初几年,因工作不多,就着手写他的不朽巨著《天体运行论》。

这部著作屡经修改，直到 30 年后的 1543 年正式出版。哥白尼的天文观测，大部分也是在这时期进行的。

<h1 style="text-align:center">八</h1>

当哥白尼定居弗龙堡的时候，他选择教堂城墙上一座箭楼作为宿舍，兼做天文台。箭楼在城墙的西北角，今天人们还叫它"哥白尼塔"。他之所以选择这座箭楼作为天文台，是因其地势空旷，除东面之外其他三面都没有障碍。这座塔除底基之外有三层结构。最上一层有门通往城垣上的平台，适宜做露天观测。自 17 世纪以来，哥白尼塔作为天文学的圣地而被保存下来，那里挂有哥白尼的油画像。现在，哥白尼塔是这所教堂图书馆的一部分。

弗龙堡并不是观测天象的好地方，因其纬度偏北，行星常出现在南方地平线上。而且那里既近海滨，四周又多沟渠，因而星光要透过弥漫润湿的大气，这使观测到的星象变得模糊，容易造成误差。实际的观测对于哥白尼的工作至关重要，因为他不像古希腊的哲学家单凭想象去建立理论,而是要他的理论经得起天体在任何时候的实测方位的考验。虽然希腊和阿拉伯的天文学家做过不少天文观测,但是他们遗留下来的数据对于哥白尼并没有很大的价值。一则因为他们的仪器粗糙,观测结果很不精确,而且有些还是伪造的;二则因辗转抄录,有不少遗漏错讹之处。哥白尼使用这些数据以前,还须做一番考订校勘的工作,这给他带来更多不必要的麻烦。于是,哥白尼只是把古人的观测资料当作参考,主要是靠自己观测获得数据,用其建立一个他自己的新理论。这便是他需要一个天文台的缘故。

可是,哥白尼绝不是一位高明的天文观测者,他也不因观测而著名。他的仪器与方法都很粗糙,观测的数据也不精确,他自己也知道这方面不是他的长处。我们知道如果没有望远镜,只凭肉眼在天空测量一个角,亦可精确到一两个弧分。但是,哥白尼对人说,如果他能测量到十个弧分的精确度,已经算是很满意的了。

哥白尼的书里曾叙述托勒密用过的几种仪器。他说那时还有人用,却没有说他自己是不是用过那些仪器。可是经人考订,至少有两种仪器是他按照托勒密的著作而仿制的。第一种仪器用来测量太阳中天时(即来到正南方时)的高度或者说太阳在地平上最高时的角度。这仪器是一个正方形的石版或铜版 AB(见下图)垂直地装置在南北向上。以 A 点为中心,正方形的一边为半径,在版上绘制四分之一个圆周,并像分度规那样,将其分为 $90°$(由 $0°$ 到 $90°$)。在版 A 点处垂直钉上一条短棒 AC,当太阳在正南方时,短棒的影子便投在刻度的圆周上。圆周上影子所在处的读数便是太阳中天时的高度 SAH。一年内经常测量这个角度可以推算出天文学上一些重要的结果。

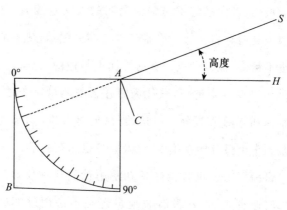

太阳高度的测量

　　第二种仪器是用来测量天体在天空任何一处的高度的。这种仪器是三条木制尺子所构成的，其中两条长约四米，第三条还要长些，互相联系形成一个可以变化的三角形（见下页图）。第一尺 AB 垂直地固定在一个水平的木版上，所以它指着天顶 Z；第二尺 AC 与 AB 尺相连于 A 点，所以它能绕 A 点旋转成 BAC 角。这尺上有一钉插在 C 点。第三尺 BD 和 AB 连接在 B 点，BD 尺上每单位长度处钻有孔穴，可以将木钉插入，以固定 AC 尺。AC 尺上有两个瞄准标点，观测者的眼睛可以依靠它们去瞄准欲测量其高度的天体。BD 尺栓扣在 C 点时便可作为横木去支持 AC，而使其瞄准天体。由 BC 两点之间的刻度上的读数，因三角形三边的长度都已经知道，所以可由计算而得 BAC 角。这个角等于它的对顶角 ZAS，由 $90°$ 减去这个角便可求得要测量的高度 SAH。这个仪器叫作"三角仪"，哥白尼去世后 40 年还保存在弗龙堡。

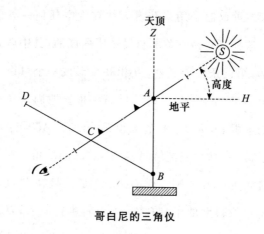

哥白尼的三角仪

　　1584 年,丹麦著名天文学家第谷·布拉赫(1564—1601),命人去弗龙堡测量纬度时,一位教士将这仪器转送给第谷。第谷非常珍惜它,当他由丹麦移居布拉格时还将这仪器带了过去。第谷去世后,奥地利皇帝鲁道夫二世收藏了这件仪器。但是,在后来的宗教战争中,布拉格屡遭劫掠,哥白尼的三角仪就不知下落了。

　　哥白尼的《天体运行论》里利用了他所做过的 27 个观测。其中一个在博洛尼亚,一个在罗马,其余的可能都是在弗龙堡箭楼天文台上做的。这些观测的内容包含有月食、月亮中天的高度、月掩星、行星对于背景恒星的方位等。哥白尼需要这些天象发生时的时刻与位置，作为他建立行星运动理论的根据。除了他书中谈到的27个观测之外，哥白尼还做了不少其他观测，这些观测结果都抄录在其藏书的边沿上或粘贴在书中的活页上，至今还保存在纪念他的博物馆内，供人瞻仰。

九

天文学的一个重要作用是制定精确的历法。哥白尼时代，教会正在设法改革历法。16世纪初期，欧洲所用的历法是罗马独裁者恺撒（Gaius Julius Caesar，前100—前44）在公元前一世纪所制定的。恺撒放弃了以前所用的"阴阳历"（类似我国所用的旧历），而使用纯粹依靠太阳运行的阳历。他规定每年365日，每四年加一日，放在二月末作为闰年，所以一年为 $365\frac{1}{4}$ 日。可是一年的实际长度比这个法定的年约短了11分钟。这个差异年年积累下去，积到128年便会差上一天。到了哥白尼时代，这种误差表现得很严重。原来规定在3月21日的春分节提早10日便来到了，这表现出天象与历法相差达 10 日之多,因而引起教会的注意。1514 年,基督教国家的主教和教授专家在罗马开会时,教皇克莱门特七世(Pope Clement Ⅶ)提出改革历法的问题。

这些被召请到罗马去商讨改革历法的专家名单之中便有哥白尼,因为他在当时已经以天文学家著名了。但是,哥白尼谢绝了这个召请,因为他认为在弄清楚太阳和月亮的运行规律以前,改革历法便没有根据。他回信说他正在研究这个问题,还不能提出什么具体的建议。30 年后,他发表《天体运行论》时,便希望对于历法改革有所贡献,因而他在该书的扉页上题词,献给当时在位的教皇保罗三世。可是,那时教会对历法改革已经搁置不提了。

哥白尼的工作最终成为历法改革的基础。1582 年,教皇格列高里颁布了新的历法。新历法主要的修订工作是:第一,将 1582 年略去 10 天,以那年原来的 10 月 5 日为 10 月 15 日;第二,置闰的法则,改定为公元纪年能被 4 除尽之年为闰年,但逢百之年只有能被 400 除尽之年才是闰年,闰年 2 月增加 1 日。这样每 400 年内少了 3 个闰日,使天象与历法在三千多年之后才差 1 日。这叫作格里历,即现今世界各国通用的阳历。

十

　　有些人以为典型的科学家是老年人,鼻梁上架着一副眼镜,手上拿着一个捕捉蝴蝶的网子。可是,哥白尼绝不是这样的学者。他通晓世事,精明能干,对于国家的复杂机构,内政外交,都有深切的了解。当时,有一种专门研究货币的科学,哥白尼便是这门科学的创始人之一。虽然哥白尼在大学里没有学习过经济学,但他对于货币的研究非常深入。通过货币我们可以将我们所制造的东西或者用我们的劳力去换取我们所需要的物品。假使没有货币,农民要买肉时,就要去为屠户种地;鞋匠需要米时,就要去为农民做鞋。通过货币我们才能比较各种商品的价值或者比较同一商品在不同时期里的价值,一切商品都以货币的单位(元或镑)去表示它们的价值。也可以将这种办法反转过来:我们不说一斗米价值若干元钱,而说一元钱能买若干斗米。可见货币也是一种"商品",其价值可能发生涨跌。货币价值的涨跌对于个人和国家都会产生很大的影响。当货币的价值下跌时,物价愈来愈高,人们也需要更多的货币,这样又会推动物价更高。

发行货币的过程中有可能造成"通货膨胀"的危险。在16世纪,波兰人和条顿人长期战争以后,普鲁士国家就发生了这种危险。这件事促使哥白尼去研究货币的问题。战争期间,他写了一本有关货币的小书。那时的问题是货币质量的降低,政府当局贪图暂时利益,在其所发行的货币里熔入愈来愈少的金、银。这样便使物价日益高涨,而且大大影响了对外贸易,因为外国商人不愿意拿他们的货物去换取无价值的货币。那时波兰、普鲁士和条顿,甚至每个大城市都自造货币,使情况愈加混乱。

哥白尼说,政府当局从货币贬值去谋取利益,正如农人播种廉价的坏种子去节省支出一般。他提出各国应有一个"货币同盟",在参加同盟的国家里只流行一种货币,只有一个机关发行,而且发行的数量应有一定的限制。规定每块钱里含一定分量的金或银,并将以前发行的贬值货币收回销毁。

"劣币驱逐良币"的现象，在经济学上叫作"格雷欣现象"，由 16 世纪英国伊丽莎白财政大臣格雷欣（Thomas Gresham，1519—1579）提出。其实，哥白尼在 1519 年所著的货币论里已经说明了这个规律。他这本书是用德文写的。1522 年他出席普鲁士国会时，曾将这本书的内容向国会作了报告。后来他增订了这本书，用拉丁文写成一本《货币的一般理论》；1528 年，他再度将此书提交给国会，希望国会考虑他的货币改革方案。可是，那时宗教改革运动爆发，人们的注意力被转移。议员们虽然赞同哥白尼的主张，但是政府当局却不肯实行，这使得哥白尼的货币改革胎死腹中。

十一

战争结束以后，改革币制，恢复生产和社会秩序等问题仍然使哥白尼忙于料理公务。此后，随着年龄渐高，他将公务逐渐移交给年轻人办理，自己将更多的时间投入研究工作。他勤于观测天象，忙于修订《天体运行论》手稿。1533 年，有大彗星出现，哥白尼作了观测，并和当时的天文学家讨论那颗彗星运行的方向为什么与行星运动的方向相反。在对这颗彗星研究后,他写了一篇论文,可惜论文没有留传下来。

哥白尼晚年的生活非常孤寂。他少年时代的朋友逐渐去世,新来的教士和他的趣味很不相投,而且当时教会正经历巨大的变革。1521 年,马丁·路德(Martin Luther,1483—1546)在沃尔姆国会大胆地宣布罗马教廷的罪恶,揭开了宗教改革的序幕,新教教义从此迅速传播。宗教改革运动也漫延到波兰。现在没有发现哥白尼对这个运动所留下的文字,不过从他当时一位好友的书中可以了解到,尽管哥白尼对这个运动抱有同情,但他主张维持旧信仰中有价值的部分,而不愿参加革命性的运动。

1523 年,新主教费贝尔上台,他是新教徒的一个死敌。多数教士自然也是附和他。所以,同情新教的哥白尼晚年在教士团里陷于孤立。他遭受排斥的另一原因,自然是由于他的太阳系的新奇理论。

今天,对于科学上出现的新理论,我们并不认为是一件大逆不道的事。但是,在宗教改革时期,天主教会对于任何新的主张，都感到厌恶。我们不要以为，旧教徒厌恶哥白尼的理论，这个理论便会受到新教徒的欢迎。事实上，新教徒拒绝哥白尼的宇宙体系比旧教徒还更厉害。哥白尼遭到旧教徒的正式谴责，是在他去世很久以后的事。可是他的书还没有正式出版，便遭到新教领袖马丁·路德的严厉批评。路德说："这位天文学家想证明的是地球而不是日、月、星辰在运转，正如人坐在车船之中，以为人是静止的，而说土地与树木在他面前跑过一样。今天喜欢卖弄聪明的人总爱造出一些新花样，并且以为凡是自己干的总是好的。只有傻瓜才想把整个天文学推翻。"哥白尼的学说传到没有受过教育的顽固派耳里，更酿成一些使他难堪的丑剧。当时，有人为狂欢节编写了一本闹剧，剧中有一位奇形怪状仰观天文的教士，便是用来讽刺哥白尼，以取悦公众的。

1538 年，费贝尔主教去世，新上任的丹提卡斯主教对新教徒进行更加残酷的迫害。他很不喜欢哥白尼，因为哥白尼去世前几年新收的弟子雷蒂库斯（George Joachim Rheticus，1514—1574）是新教信徒。哥白尼为教会人士所不容的另一个原因是，1531 年后，哥白尼和一位温良不俗的美丽女子开始同居,这种行为在当时的教会神职人员中是不被允许的,被视为叛逆。

哥白尼去世前几年,他的《要释》在学术界已很有名。1533年教皇的秘书约翰·维曼斯德特(Johann Widmanstetter)曾在梵蒂冈花园里向教皇克莱门特七世与红衣主教们讲述哥白尼的新理论。

1536年红衣主教尼古拉·舍恩贝格(Nicholas Schönberg)从罗马写信给哥白尼,请他尽快出版新理论的主要内容,至少先将手稿交他阅读。哥白尼回信与否已不可考,遗憾的是舍恩贝格于次年去世。哥白尼很重视这位主教的信,他的《天体运行论》出版时,这封信便收录在书的前面。

十二

我们推崇哥白尼为近代天文学的创始人,可是他在世的时候,一般人却把他当作一位医生,只有少数认识他的人才把他看作一位天文学家。其实,哥白尼并不是一位很高明的医生。他对医术墨守成规,也正因如此,大家觉得他稳妥,反而更喜欢找他治病。那时医学理论和实践的落后,简直令人难以相信。实际上,医学比天文学更需要革新。

今天,对于人体各部分的功能我们已经有相当深入的认识,现代医学治疗疾病的方法正是建立在这种认识之上。但是,16世纪的欧洲人对于人体的结构和功能还有很错误的看法。即使像血液循环那样重要的事实,也还要等待一个世纪之后才被人发现。当时,人们以为动脉是运输空气或者"精神"的孔道。

那时欧洲人所用的药物很奇怪,例如小羊血、蝙蝠翅、兽角、蛇肺、蜘蛛网、玉石粉、草根、树皮等莫名其妙的东西无一不是药。当时,医学的理论依据是占星术,人们认为黄道十二宫里的星宿是和人体的器官相对应的,譬如说当太阳在金牛宫时,不宜使病人放血。哥白尼所购置的标准医书,现在还保存在哥白尼博物馆里,我们可以看到,在那些书的边沿上哥白尼写有他曾经常使用的药方。

哥白尼行医的事迹,我们知道得很少,只知道他少年时曾经是他的舅父、哥哥以及教会同事们的医生。根

据弗龙堡大教堂的记事册,哥白尼曾经医治过以下这几人的病:

1529 至 1537 年间,哥白尼常被召至赫尔斯堡治疗费贝尔主教的心绞痛与风湿痛(他最后死于中风)。为慎重计,哥白尼屡次邀约别的医生去会诊这个重要的病人。他常向普鲁士公爵的私人医生和波兰国王的御医写信请教。丹提卡斯主教主持波兰太子的婚礼时忽然昏倒,是由哥白尼治疗好的。哥白尼最高兴的事,是治好他的好友吉斯主教。吉斯因住在沼泽地区染上了疟疾,1539 年春、夏,哥白尼带着他的学生雷蒂库斯两次前往吉斯主教的驻地进行诊治。1541 年春天,哥白尼被紧急请去给普鲁士大公爵阿尔贝特的高级顾问孔海因看病,当时普鲁士的医生们都对他的病束手无策。经过几个月的精心治疗,哥白尼终于把这位政治家从死神那里拉了回来。哥白尼回家之后,仍然保持和孔海因通信以了解病情,并邮寄医疗处方给他。

哥白尼对教区里穷人的疾病也一样尽力医治,从不索取医疗费用。他们尊称他是"阿斯克勒庇俄斯(古希腊的医神)第二",以表示对他的感激。

十三

1539 年春天,一位日耳曼青年学者来到弗龙堡拜访哥白尼。他名叫雷蒂库斯,是威腾贝格大学(Wittenberg University)的数学教授。他自称是来向哥白尼学习新天文体系的。这位青年当时才 25 岁,是一位数学天才,22 岁时已升任为数学教授。雷蒂库斯是一位新教教徒,哥白尼因接受这位新教徒弟子遭到了教会严厉的批判,这也是哥白尼晚年陷于孤立的一个原因。哥白尼非常器重雷蒂库斯,并把他介绍给许多朋友。雷蒂库斯师从哥白尼虔心学习,除天文之外,还有地理。在哥白尼的指导下,他绘制了波兰地图。

雷蒂库斯跟随哥白尼学习了两年多时间,在返回威腾贝格时,他把自己的许多书籍送给哥白尼作纪念,其中有欧几里得的《几何原本》(那时才从希腊文翻译成拉丁文出版)和希腊文版《托勒密集》。哥白尼去世后,这些书和其他收藏一并保存在弗龙堡大教堂的图书馆。后来在三十年战争(1618—1648,日耳曼新教诸侯与天主教诸侯、皇帝之间的内战,后来演变为欧洲的国际战争)时,这些书被新教领袖、瑞典国王古斯塔夫·阿道尔夫二世(Gustaf Adelf Ⅱ,1594—1632)运到瑞典去,藏在乌普萨拉大学里;1953 年波兰政府举行哥白尼纪念年时,才由瑞典送还给波兰。

雷蒂库斯到弗龙堡来的目的是要阅读哥白尼的手稿(那时已成定稿),并和哥白尼讨论相关内容。差不多过了三个月,他读完了这部巨著,并写了一份概要,寄给他的老师勋内尔。1540 年,雷蒂库斯获得哥白尼的许可发表了这份概要,取名为《初篇》。这是哥白尼宇宙新体系最早而又最可靠的详细报告。这本书只叙述了哥白尼理论中有关地球各种运动的部分。在《初篇》之后,雷蒂库斯本打算再出续篇,但因哥白尼已经答应友人的请求将其手稿付印,所以就不用再出续篇了。正是因为雷蒂库斯的不断敦促,才促使哥白尼加快了《天体运行论》的修订和出版进程。

十四

在雷蒂库斯访问期间或者在他返回威腾贝格以后,

哥白尼才决定出版自己的著作。使他终于决定去冒这个危险的原因,我们只有猜度。也许他为他的高足弟子的请求和热忱所感动,也许他感觉到在世的岁月无多,不久便可脱离世俗的毁誉。如果要使他一生心血所灌溉出来的成果,不与他同化灰烬,那么这时他必须做出最后的决定了。哥白尼在《天体运行论》的序言里曾说:由于朋友的催促与责备,他才决定将他的著作付印。

哥白尼将其宝贵的手稿交给他的朋友台德曼·吉斯(Tidemann Giese)主教,吉斯又转交给雷蒂库斯。雷蒂库斯委托纽伦堡一位出版商出版这本书,这人是雷蒂库斯的朋友,曾经读过《初篇》,很想将全书早日付印。但非常不凑巧的是,雷蒂库斯这时正好被莱比锡大学聘去教书,便将出版任务交给新教教士奥西安德尔(Andres Osiander)。这样就造成一件料想不到的事故,我们将在后面叙述。这本书终于排印完毕,于1543年春季出版了。

1541年秋季,雷蒂库斯返回威腾贝格以后,哥白尼只活了一年半就去世了。他在这最后一段时间里的情况,可从吉斯的两封信里看出一个大概。第一封信写于

1542年12月8日，是寄给弗龙堡一位教士唐纳尔的。唐纳尔是哥白尼晚年的好朋友。吉斯听说哥白尼身染重病，便常向唐纳尔探询病情。吉斯在给唐纳尔的信里说："我知道他把你当作是最可靠的朋友。所以我请求你在情况需要的时候，站在他身旁，照应这位你我都很敬爱的朋友，这样才会使他在患难时不会缺乏兄弟般的帮助，而且对于这样一位值得我们感激和爱戴的朋友，我们总不应该表示无情与忘恩吧。"

第二封信是吉斯于1543年7月26日写给雷蒂库斯的，那时哥白尼已经去世两个月。自1542年开始，哥白尼屡次患出血与中风，已经陷入半身不遂的状况。大家知道他已临近死亡。直到1543年5月24日，当把一册印好的《天体运行论》送到他病榻前的时候，哥白尼终于闭上了双眼。吉斯给雷蒂库斯的信中描绘了这个悲惨的情况："多日以前，他已经失掉了记忆和思考的能力，在他过世那一天，快要断气那一小时，才看见他的印成的全部作品。"

由于病重期间得到一位好医生的照顾，哥白尼将其所喜爱的、亲自加了许多注解的医书赠送给他；其他书籍，哥白尼都留给了弗龙堡大教堂的图书馆。

哥白尼的遗体埋葬在弗龙堡大教堂内。1581年,在这座大教堂的墙壁上嵌了一块纪念哥白尼的石牌。18世纪时,这块石牌的位置被一位主教的碑铭排挤占用,以后又嵌入了另外一块石牌。随着时间的推移和埋葬在这里的教士人数不断增多,哥白尼尸骨的具体埋葬地点已经不为人知。

20世纪曾进行过两次寻找哥白尼墓地的大规模考古发掘。第一次是30年代,为纪念哥白尼逝世400周年,由德国人主持的考古探索;第二次是70年代,为纪念哥白尼诞辰500周年,由波兰科学家主持的考察。这两次发掘都无果而终。

2004年,波兰考古研究所再次启动搜寻哥白尼遗骨的计划。专家们对弗龙堡教堂内的"圣坛"进行了深度发掘,于2005年在数十具遗骨中,寻获一名70岁男子遗骸,包括一颗缺失下颌骨的颅骨。那么,这颗颅骨究竟是不是哥白尼本人的颅骨呢?考古学家们将其送到华沙警察总局刑事犯罪实验室进行鉴定,并用计算机软件对其生前容貌进行了复原。结果发现,颅骨复原之后的图像,与哥白尼画像有很高的相似度。

但仅从这一点来确定颅骨属于哥白尼本人，还不具备说服力，最重要的是要对其 DNA 进行鉴定。经过艰苦努力，专家们终于在哥白尼藏书中发现了夹着的几根头发。经过对颅骨牙齿中的 DNA 和头发中的 DNA 进行比对，发现完全一致。由此可以断定，这颗颅骨正是哥白尼本人的！

2010 年 5 月 22 日，弗龙堡大教堂为哥白尼举行了隆重的下葬仪式，把收殓的遗骨重新葬于教堂墓地。在庄严的黑色花岗岩墓碑上，雕刻着六颗行星环绕金色太阳的图案。这场葬礼更具象征意义，被认为是体现了"科学与信仰的和解"。

十五

《天体运行论》是人类思想史上划时代的科学作品，与托勒密的《至大论》、牛顿的《自然哲学之数学原理》、达尔文的《物种起源》一样，都是不朽之作。按照那时学术界的惯例，这本书是用拉丁文写的。18 世纪以前的欧洲人只需在童年学会拉丁文，长大时便可用拉丁文和整个欧洲的学者们通信、谈话并阅读他们的书籍。

实际上，哥白尼对他这部不朽的巨著并没有命名。

当他将手稿交给他的朋友吉斯出版的时候,那上面既没有书名,也没有作者的姓名。是编辑把这本书命名为《关于天球旋转的六卷书》(*De Revolutionibus Orbium Coelestium*, Libri Ⅵ),后人简称为《论运转》(*De Revolutionibus*)①。

十六

哥白尼把他的手稿锁在箱子里 30 多年,一直没有正式出版。一个原因是,这期间他不断地做修订工作,并加入新的观测资料,因为他认为自己的著作还没有成熟到可以发表的阶段;另外一个原因是,他知道这部书出版后会引起各方面的攻击,而他不愿意卷入这种风暴。这种攻击会来自于两种人。一种人是顽固的哲学家,他们把地球当作宇宙的固定中心,因为亚里士多德是这样说的;另外一种人是教士,他们会说哥白尼的理论是离经叛道的邪说,因为《圣经》明白指出地是静止的。在这一方面,新教教徒比天主教教徒的批评更厉害。

---

① 汉译本按照约定俗成的译法,通常译为《天体运行论》。——编辑注

当哥白尼听了他朋友的劝告,终于将手稿送去付印的时候,他想出一个"擒贼擒王"的办法,大胆地将他的书题献给当时在位的教皇保罗三世。这是一位比较正直的教皇,并且是一位学者;哥白尼认为,在他的庇护之下,也许不会遭到迫害。因此,《天体运行论》的序言是哥白尼苦心孤诣写出来献给教皇的,以求庇护。

哥白尼请求教皇庇护的另外一个理由是他的书可以帮助解决历法改革的问题,这问题曾经于 1514 年由教皇提出来征求意见;因为《天体运行论》提供了一年的准确长度,而且澄清了月亮的复杂运动。事实上,后来格列高里教皇改革历法,便用了《天体运行论》里改进过的日、月、五星运行表。我们不知道哥白尼是否因给教皇的献词而得到教皇的鼓励。但是红衣主教舍恩贝格却给哥白尼写过信,哥白尼将这封信放在《天体运行论》的卷首,以当作"挡箭牌"。也没有人知道教皇是否真的接受而且保护过这本书;其实在《天体运行论》到达教廷以前,哥白尼早已离世,永远脱离地上君王的称赞或者责罚了。

然而,这种"欲盖弥彰"的手法,并没有起到一劳永逸的作用。1616 年,罗马天主教廷最终把《天体运行论》作为异端学说,列入禁书名单。

　　除了上面所说的那篇序言之外，《天体运行论》里还
有一篇不是作者所写的序言。这是因为哥白尼在病中
不能亲自监督他的书稿排印而造成的。上面说过编校
的任务是由雷蒂库斯交给奥西安德尔去执行的。奥西
安德尔学过一点天文学。哥白尼曾经写信问他，一本论
证地球运行理论的书会引起读者怎样的反响。在社会
变革风云激荡的纽伦堡居住的奥西安德尔，比在平静港
湾的小城弗龙堡居住的哥白尼对这个问题会提供更合
适的答案。奥西安德尔的回信是令人丧气的。他说：我
们所看见的行星运动是可用几种不同的理论去解释的。
希腊天文学家中，也有人认为自己的理论不一定表示行
星在空间里的真实运动，只是为编算星历表以预测行星
的位置所做的虚构。于是奥西安德尔向哥白尼建议托言
他的理论只是一种人为的设计。既然地球不是真的在运
动，便不会引起非难，而他的书便可以安全地流传了。但
是哥白尼很不同意这种"伤天害理"，以图免祸的说法。

　　奥西安德尔利用他单独料理出版事务的机会，按照
他对哥白尼提出的建议写了一篇短的序言（没有签名）。
这篇序言完全改变了作者的主张，它与书中的其他部分
完全不协调，尽管这种伪造的动机是可以原谅的。这篇

序言里有很多称赞哥白尼的话,便说明不是哥白尼本人写的。细心的读者很容易发现这个"花招",并且会明了其用心的。说来很奇怪,这种"迷眼的沙子"竟起了很大的作用,骗过了无数读者,而达到了伪造者的目的。

除了奥西安德尔伪造的序言之外,书中还有一些字句经过了他人修改。所以,《天体运行论》的最初版本和作者的手稿有相当大的出入。排印所根据的稿本可能是经过篡改的。这种错讹经过许多代并没有引起人们的怀疑,因为《天体运行论》出版不久,原稿就散失了,致使以后的版本无法同原稿校勘。

《天体运行论》的版本有以下几种:1566年的瑞士巴塞尔本,1617年的荷兰阿姆斯特丹本,1854年的波兰华沙本。这些版本都是按照纽伦堡第一版(1543)重排的。幸而19世纪中叶在捷克的布拉格偶然发现了哥白尼的原稿。《天体运行论》原稿于1953年由捷克归还波兰。经过仔细研究之后人们才明白,这本书是经过作者缓慢而艰苦的校订与修改后写成的。从书中一些地方所载的观测日期可得知若干章书写成的年代。这本书的写作,开始于作者住在赫尔斯堡时期(1506—1512),后经过两次大的修改,一次在他居住弗龙堡的早期(1512—

1516)，一次在战争平息之后(1525)。1540 年雷蒂库斯来访时，又经过一次修改，才成定稿。

《天体运行论》原稿发现之后，人们才可能按照哥白尼原来的意旨重新排印。1873 年，在托伦举行哥白尼诞生 400 周年纪念会时，原稿才得以重见天日。

值得一提的是，在《天体运行论》被列入禁书 200 多年后，1835 年，罗马教廷将其从"禁书"名单中撤下。1853 年，哥白尼的出生地托伦城给哥白尼建了一座铜像。

十七

一般人以为哥白尼是天文学的一位革命家，其理论是新奇的，推断是独创的。可是，如果你仔细阅读《天体运行论》，一定会惊异地看见他书中含有很多亚里士多德的思想。例如，他和古人一样相信天体在圆形轨道上以均匀速度围绕一个固定中心运行。哥白尼就根据这个不大符合事实的"规律"，去证明地球在运动。他的理由是，行星的视运动不是均匀的，就表明我们立足的地球并非固定在行星圆形轨道的中心。

那么地球是不是在运动？如果它在运动，我们怎样知道呢？譬如你坐在车中，怎样知道你在前进呢？这是由于你看见你周围的物体朝相反的方向后退。所以，要发现地球是否运动的唯一办法，便是在地球之外去寻找天体，看它们是否有一种共同的运动。这种运动的一个显著例子，便是天球由东向西一日一周的运动，这运动造成日月星辰的东升西落现象，哥白尼说："这不是天球在运动，而是地球由西向东在旋转。"

哥白尼将这个原则应用到比较复杂的情况上去。从周围物体的视运动去发现观测者所在处的真运动，有一个很大的困难便是被观测的物体很可能也有它们自己的运动。譬如要从飞鸟追赶过云的速度去判断飞鸟对于地面的速度，那就不好办，因为云也在运动。由于行星也有自己的运动，所以问题就不容易解决。于是，哥白尼选择恒星作背景去研究太阳在天空运行的视轨道。古人以为太阳围绕居于中心的地球，在一圆形的轨道上运动，但是我们也可以假设地球围绕居于中心的太阳，在一圆形的轨道上运动。那么，我们应该假设行星具有什么样的真运动，才能使行星呈现出我们可以观测到的现象呢？这问题虽然不容易解决，但是答案却很简单：假设地球围绕居于中心的太阳在圆形轨道上运动,每个行星也围绕同一中心,各在其圆形轨道上运动。于是,地球和行星的轨道都是以太阳为公共中心的圆周。哥白尼得到这个十分简单的结论之时,他从古希腊数学家毕达哥拉斯那里学习得来的数学直觉告诉他,这是真正的事实。他于是断定:"太阳居住在中央。在这光辉灿烂的庙堂里,除了那个普照环宇的重要地位之外,还有更合宜的地方去放置这个伟大的发光体吗?……所以太阳坐在它的宝座上,控制着诸大行星,使它们环绕它而运行。"

托勒密行星理论的特点是,行星在以均轮为中心的本轮上运行(见图:本轮与均轮),为了要说明人在静止的地上看见行星的速度与距离为什么变化,这种机巧的设计是必需的。哥白尼认为这是把地球围绕太阳的运动归算到行星自身的运动上去了,才把行星的轨道误会为均轮上的本轮。他采取"快刀斩乱麻"的办法,一下子废除掉行星的这样极其复杂的运动。

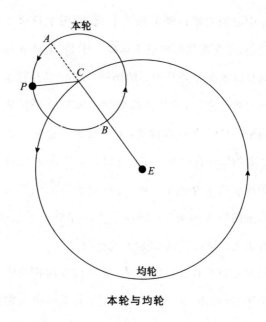

本轮与均轮

哥白尼的体系主要是假设地球与行星都在同心圆周上围绕太阳运行。它们的排列次序,如哥白尼宇宙体系示意图所示,水星在最内的圆周上,土星在最外的圆周上。月亮围绕地球运行,同时它被地球带着,围绕太阳运行。恒星则在距离太阳很遥远的空间里。至于恒星的分布,是固定在一个球面上呢,抑或散布在无限的空间里,哥白尼还无法回答这个问题。实际上,这样简单的行星理论还不能详细解释由观测得来的事实,因为行星不是以均匀速度在圆周轨道上运动。发现行星运动定律的是另一位伟大的天文学家开普勒,这已经是在哥白尼去世后 60 多年的事儿了。

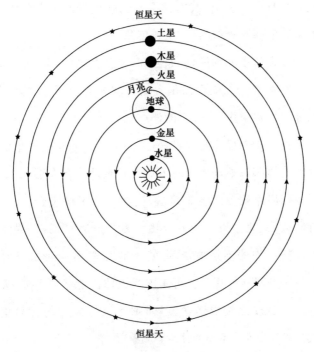

哥白尼宇宙体系示意图

哥白尼因喜爱其理论有一种简单的美，才努力研究它。但是他知道，他的理论和当时的力学原理以及一般人的常识是有矛盾的。所以，他在书中举出一系列他所预料到的反对意见，并且加以解答。例如有人问：如果地球每日自转一周，我们便会被高速度带向东方而去。如果我们住在赤道附近，这速度每小时可达 1600 千米。凡是浮在空中的物体，例如云和鸟，就会被抛到后面去，在我们看来它们就会以很大的速度向西运动。如果一只球被抛在空中，它落下的地点就会在抛出地点之西几百米处。哥白尼回答说：地面上的空气和浮在空气里的一切物体都被地球带着一道做周日运动。有人再问：如果地球以这样惊人的速度旋转，为什么不像飞轮那样，旋转太快，就会破裂为碎片呢？哥白尼回答说：如果每天旋转一周的不是地球，那就该是天球，才会形成日月星辰东升西落的现象。可是因为天球比地球大得多，天球面也会按比例地迅速旋转，那么天球破碎的危险更大。唯其如此，还不如让地球旋转更好。

为了改进历法，哥白尼须要测定一年的实际时长。但问题是"年"不只一种。以恒星为背景，太阳从某一点出发在天空运行一周又回复到那一点,这一段时间叫作恒星年;另外还有四季循环的周期,例如从一年春季开始到下一年春季开始,这一段时间叫作季节年或回归年。回归年比恒星年大约短 20 分钟。这不算是很长一段时间,但是经过许多年以后,这两种年之间的差异便会很大。2 年差 40 分,3 年差 1 小时,72 年便差 1 天。恒星年容易测量,但回归年更加有用,因为回归年规定了播种与收获的时期,最长与最短的白昼的日期。哥白尼过于相信古人的观测,因而使他陷入许多不必要的困难。例如在《天体运行论》里,他说地球除了自转和公转之外,还有一种摇摆运动。这便是他想迁就古代希腊和阿拉伯天文学家的不可靠的观测而犯的错误。虽然这样,哥白尼求得的恒星年和回归年的长度相当准确。例如他测定的恒星年是 365 日 6 时 9 分 40 秒,只比真正的数值大约长 30 秒。哥白尼的计算结果,在一个世纪以后修改历法时才为人使用。

十八

　　关于哥白尼更多的性情习惯和生活细节,由于没有遗留下来可靠的资料,我们无法考证。实际上,至今为止,没有一本哥白尼传记是当时认识他的人为他写的。更严重的是,他和他的亲戚朋友以及当时学者往来的信件,一封也找不着了;这些信件原本保存在弗龙堡大教堂,后来被人偷了。至于留传下来的哥白尼肖像倒有几幅,彼此都很相像。这些肖像表现的是一位中年人,面貌严肃,毛发浓密,目光敏锐,神情沉思。

也许从哥白尼的时代背景去研究他的生活历史,还可以了解一点他的性格。我们知道,在现代社会里,一些人因在某一专业领域有特殊的成就而著名,例如专家、学者、政客、军人、演员和运动员,都可成为社会上的名人。这些人在其专长之外,即使别的知识欠缺,并不因此贬低他们的价值。但是,在哥白尼所处的文艺复兴时代,特别是在他留学多年的意大利,对于一个大人物的评价标准便大不相同了。那时,一个标准的大人物要具有广泛的兴趣和多方面的成就,对艺术要有表现的才能,对政事有高明的见解,对科学和技术要有深入的了解甚至要有一定的贡献,而且在体育运动与战争中还能表现出强健的体魄与勇敢。这样的典型人物的一个例子便是达·芬奇(Leonardo da Vinci,1452—1519)。就哥白尼在多方面的成就而论,也可算是他那个时代的一个典型的大人物。

哥白尼的天文研究工作,除了以上所说的那些以外,我们还须强调一下他所克服的巨大困难。譬如,古人的观测结果是按照古代历法记录下来的,而那些历法和公元纪年的关系就很难考订。例如,要求得古今两次月食中间经历了多少年、月、日、时,就要在"年代学"上加以仔细研究。现今,天文工作者有前人制作的对数表和各种函数表,以及电子计算机,就可以减轻巨大的计算工作量。而哥白尼对于每一个天文问题只能用那时仅有的、笨拙的计算方法;他更没有望远镜、石英钟一类的精密仪器。

在数学上,哥白尼也是一位开辟道路的人。在《天体运行论》里,有几章论到三角学,其中的部分内容在当时属于学术前沿,是哥白尼的独创。正因如此,雷蒂库斯曾经把这部分内容抽取出来另行出版。

除了天文学和数学之外,哥白尼还具有其他方面的才能。他精通多种语言,除了波兰语、日耳曼语和意大利语之外,他还懂得拉丁文和希腊文,也许还知道一点希伯来文。在他晚年,他甚至被尊崇为一位难得的"希腊学者"。他在神学、教会法和医学上的成就,都能使他在这些领域成为第一流的专家,可是他酷爱自由和独立思考,而不愿意在这些不太符合他兴趣的学问上多费精力。最难能可贵的是,他虽身居上流社会,过着衣食无忧的生活,但他对名誉和地位很淡漠。他的舅父瓦茨罗德大主教本想培养他作继承人,而且他的名字已经列入候选主教的名单中,但是他本人并无"向上"的追求,所以终身不过是一位教士。哥白尼对于他的神圣的职业,远不如他对科学研究那样虔诚。假使他生在今天,一定会是科学机构的一名杰出研究人员。但是,在他所处的时代,假使他不做教士,就很难有接受高等教育的机会,因而也不可能做出如此巨大的贡献。

哥白尼对于经济学理论的贡献和在政务管理上的成就,我们在前面已经谈过。下面再说说他在文学上的才能。他的文学才能表现在两个方面:为向舅父瓦茨罗德大主教表示感激,他将一位希腊诗人的著作翻译为拉丁文,并题献给他的这位恩人。在《天体运行论》里,他以清晰晓畅的文字表达艰深难懂的理论，至今还被人奉为学习的典范。哥白尼少年时代就开始研究地理学，晚年他把这些地理知识传授给学生雷蒂库斯，指导他绘成了波兰地图。哥白尼在艺术上也享有一定的声誉，有一幅他的自画像，至今还保存在法国斯特拉斯堡大教堂内，作为教堂里一座著名的天文钟的装饰品。

哥白尼长期留学意大利所获得的多方面的知识，并没有把他变成书呆子。他的脑子里装的不是一本零碎账簿，而是一个有用的工具箱，而且这些工具是受过哲学之火的锻炼，融合了许多学者的思想。他从意大利回来的时候，不但掌握了书本上的知识，而且对于人情世故也有深入的了解，所以后来他在处理政务和地区冲突的事务中，都能应付得当。

哥白尼具有强烈的独立思考的精神和坚定的意志。他既不受其同事们偏见的影响，也不与反对他的人辩争。他抱着唯一不可动摇的信念，苦心孤诣，孜孜不倦，努力研究了 30 余年，直到生命结束的最后，才看到自己的工作成果。

哥白尼的成就不但为天文学和物理学开辟了广阔

的途径,而且在人类文化史和思想史上都做出了巨大贡献。

当然,哥白尼的成就和他所处的社会环境是分不开的。当时,正值一个远征海洋、探寻新世界的伟大航海时代,而天文学对于航海具有重要的作用,人们都非常重视天文学的学习。这种社会需要是促成哥白尼进行三十年如一日持续研究的一个重要原因。哥白尼在其他方面的贡献,也与他所处的急剧变革的时代和社会密切相关,这些我们在前面已经谈过,读者可以窥见一斑。

(本文由周雁翎修订、改编)

哥白尼的治学态度和方法

叶式辉

中国科学院南京紫金山天文台　研究员

在天文学的历史上，哥白尼是一位划时代的重要人物。他出身富商家庭，受过系统的神学教育，并长期在教会供职。但是他没有被神权和传统观念所制服，而是勇于进取和创新，终于把人类的宇宙观推进到一个新阶段。仔细考察起来，这不是偶然的，而是与他的治学态度和方法有密切关系。

第一，他重视观测，尊重事实。他师承毕达哥拉斯学派，认为天体运行应当是简单而和谐的直线或圆周运动。对于这一点他在《要释》一文中谈得很清楚："我们的前人假定有大量的天球，这是由于一个特别的理由，即需要用规律性原理来解释行星的运动。他们认为，如果一个天体不是在一个完美的圆周上做均匀运动，就是一个完全荒谬的想法"。可是，当他认识到古典理论导致与观测事实严重不符的情况时，他尊重观测事实，进行独立思考，另觅出路。他在同一篇文章中说："在了解到这些缺陷后，我不断考虑是否可以找到对天球的一个更合理的排列。……这样可以遵照绝对运动规律，使每一个物体都绕其自身的中心做均匀运动。"这段话告诉我们，哥白尼认为理论必须经过实测的检验，要依照客观实际来修正理论的谬误。

　　第二，哥白尼有清晰的思维逻辑。《天体运行论》中有一段话表明，他为什么深信自己的宇宙体系可以取代垄断多年的地心学说。他说："我们发现，他们在论证数学家称之为他们的体系时，要不是忽略掉某个不可缺少的细节，就是引进某个外在的完全无关的东西。他们这样做时，肯定没有遵循一些确定的原则。如果他们的假设不会使人误解，由此得出的一切推论就应当有可靠的论证。"哥白尼的学生雷蒂库斯在谈论自己的师长时这样讲："亚里士多德说过，从一个高级的真理得出的结果都应当是真实的。遵照这个说法,我的老师所采用的假设都能够证实以往观测的正确性,并且我们预料还能为正确地推测今后的天文现象提供依据。"这些话都表明,哥白尼对推理、论证和判断是非,都有明确清晰的准绳。

第三,哥白尼讲究工作方法。他并不认为一大堆观测资料的凑合就一定是真理,而必须善于综合分析这些资料。对此,他在《天体运行论》的献词中有一段生动的描述:"这就好像一位画家把各式各样图像中的手、脚、头和其他部分收罗起来,尽管每个局部都画得很好,但不属于同一身体,彼此不协调。这样画出的就不是一个人,而是一个怪物。"哥白尼善于去粗取精,去伪存真,从错综复杂的现象中找出可靠的规律,这也是他取得重大成就的一个重要原因。

最后值得提出,哥白尼进行科学工作的态度是谦逊和谨慎的。对一些无法直接论证的事物,他总是不肯轻易下结论。例如在论述恒星天球时,他遇到宇宙是否有限的问题。他在《天体运行论》中引用了亚里士多德的一句话:无限是既不可逾越的,也是无法动摇的。他接着说道:"那么就让我们把宇宙是有限还是无限的问题,留给自然哲学家讨论吧。"

总的说来,哥白尼是一位伟大的天文学家。他留给后世的宝贵遗产不仅是《天体运行论》和日心地动学说,他的治学态度和精神风貌也可以给我们启迪和教益。

哥白尼学说的时代局限性

叶式辉

中国科学院南京紫金山天文台　研究员

　　哥白尼学说的核心是"日心说"，这对行星运动而言是完全正确的。但是，由于当时科学发展的历史局限性，他的某些具体看法，后来随着观测技术和理论水平的不断提高而须逐步修正和补充。例如，他始终坚信天体运动的轨道是圆形，因为他认为圆形是完美与和谐的象征。由于这种约束，他对行星在近日点和远日点附近运动的解释难以令人信服。到 1609 年，开普勒提出行星运动第一定律，人们才知道行星绕日运动的轨道不是圆，而是椭圆，太阳在一个焦点上。到 1687 年后，按牛顿发表的力学理论，人们又知道行星沿椭圆轨道绕太阳运动的原因,是由于太阳和行星之间的引力,并符合牛顿的万有引力定律。又由于行星之间的引力,人们还知道行星绕太阳运动的轨道不是一个固定的椭圆,其大小和形状都在不断变化。又如哥白尼认为太阳是宇宙中心,而18世纪已知道太阳只是银河系中千亿颗恒星之一。到1918年,沙普利(H. Shapley)正式指出太阳不在银河系中心,还靠近边缘。另外,哥白尼对恒星天球、岁差、近点角等的看法,后人都有所修正。这正说明自然科学发展是循序渐进的,任何人都不能解决所有问题。

还应谈到,限于历史条件,当时对太阳和恒星无法了解。哥白尼学说认为太阳是静止不动;现在已经知道太阳在恒星际空间中有复杂的运动,仅随银河系自转的速度就有每秒250千米。他认为所有恒星位于同一天球,而且也是静止不动。后来因恒星视差、自行的发现和逐步精确的测定,知道恒星的距离差别非常大;最近的恒星仅有4光年(1光年约10万亿千米),远的超过几万光年。恒星的运动也非常复杂。

哥白尼学说在中国的传播

叶式辉

中国科学院南京紫金山天文台　研究员

同某些古希腊学者早已提出地动说一样,我国古代也有地动的说法,并且从战国时代起就与地静观点进行长期的争论。例如《庄子·天运篇》就明确主张地球在运动,并认为是自然界的力量支配,不会自行停止。到秦汉时代,这方面的论述更多。例如《仓颉篇》说"地日行一度"。《尚书纬·考灵曜》谈得更详细:"地有四游,冬至地上行北而西三万里,夏至地下行南而东三万里,春、秋二分其中矣。地恒动而人不知;譬如闭舟而行不觉舟之运也。"这段话指出地球在不同季节的运动方向不同,还说明单凭感觉不会知道地球在运动。不过应当承认,中国古代并没有明确提出地球及行星绕太阳运转的概念。因此关于太阳系天体运行的完整图像,是在哥白尼的日心地动学说传入我国以后才具有的。

哥白尼学说传入中国经历了一番曲折复杂的过程。虽然早在 17 世纪 30 年代,中国已经知道哥白尼的名字,但并不了解他的学说。这是因为当时来华的耶稣会教士们,在改历时采用哥白尼、开普勒理论和观测结果;可是他们屈从于罗马教廷的淫威,避而不谈日心学说。具体说来,由邓玉函、汤若望、罗雅各等人参与编著的《崇祯历书》(1634),就引用了《天体运行论》中 8 处资料和 17 项观测记录。这样做对中国的天文历算是大促进。但在当时欧洲,天主教会正在对日心学说残酷镇压,布鲁诺、伽利略等进步科学家惨遭非刑和迫害。在这种情势下,奉教皇派遣来华的传教士们有意隐瞒哥白尼的日心地动理论,不让它和中国人民见面。后到清代,在 1722 年编写《历象考成》时,哥白尼学说仍未引用。但是客观现实要求改变这种状况。1730 年 7 月 15日(即雍正八年六月初一)有一次日食,用第谷方法推算的北京见食时间不如开普勒定律准确。这促使当时的钦天监监正、耶稣会教士戴进贤在撰写《历象考成后编》时,不得不采用开普勒的椭圆面积定律。但是这时教廷的反动权势仍在肆虐,哥白尼的宇宙图像被篡改成为太阳沿椭圆轨道绕地球运转,而地球静居于椭圆的一个焦点上。这真是明目张胆地颠倒是非!再往后到18世纪中期,这时哥白尼学说已摆脱宗教势力的桎梏,西方国家向清廷赠送的天文仪器和世界地图集,都是根据日心模型绘制而成。这标志着哥白尼学说正式传入中国。但这并不意味着哥白尼学说在中国的地位已经巩固。对它持怀疑态度甚至大肆攻击的还不乏其人。如阮元给《地球图说》一书作序时还公开宣扬地心学说,并告诉读者对哥白尼学说"不必喜其新而宗之"。到了19世纪中叶,李善兰、王滔等天算家对阮元的谬论进行批驳,并全面详尽地阐述哥白尼的理论。此后日心地动学说才在中国广泛传播,并日益深入人心。

上述事例表明,新生事物的成长往往是艰难和曲折的。哥白尼学说的诞生是这样,它在中国的传播何尝不是如此。回顾这段历史,也是意味深长的。

《天体运行论》讲了什么

叶式辉

中国科学院南京紫金山天文台 研究员

　　《天体运行论》于 1543 年在德国纽伦堡用拉丁文首次出版。原书并无书名,由出版者暂时命名为《论天球运转的六卷书》,后人简称《论运转》。全书共分六卷。第一卷是本书的精华,阐述日心学说的各种论据;并批驳地心学说,排列出太阳、地球、行星在宇宙中的位置;还较完整地讲述了平面和球面三角学。第二卷用球面天文学的方法论述天体在黄道、赤道坐标系中的视运动,以及天体的出没、昼夜和四季的循环;卷末附有星表。第三卷讲解太阳视运动及其不均匀性和岁差。第四卷讨论月球运行和日、月食的原理。第五、六两卷讲述当时所知道的五大行星(水星、金星、火星、木星和土星)的运动。这六卷前后呼应,联成整体,展示出日心地动学说的全貌。

第一卷主要内容

第一卷是《天体运行论》全书的精髓。它对哥白尼日心地动学说作集中而扼要的阐述。这一卷基本上采用文字叙述,加上一些简明的几何图形,数学计算很少,因此明白易懂。在本卷的引言中,作者倾诉他对天文学的赞美和热爱。他说:"必须用最强烈的感情和极度的热忱来促进研究最美好的、最值得了解的事物。这就是宇宙的神奇运动,星体的运动、大小、距离和出没,以及天界中其他现象成因的学科。"他接着谈论天文学研究的目的。他写道:"一切高尚学术的目的都是诱导人们的心灵戒除邪恶,并把它引向更美好的事物,天文学能够更充分地完成这一使命。"他正是怀着对美好事业的憧憬而献身天文研究的。可是他清楚地认识到,要达到美好境界绝非易事。例如在评议托勒密的工作时,哥白尼充分肯定他的贡献后指出:"还有非常多的事实与从他的体系应当得出的结论并不相符。此外,还发现了一些他所不知道的运动。"哥白尼接着说:"我将试图对这些问题进行比较广泛的研究。"继往开来,寻求真理,这是他毕生追求的目标,也是他撰写本书的初衷。

在第一卷的前几章,哥白尼依次论述了"宇宙是球形""大地是球形""大地和水如何构成统一的球体""天体运动是匀速的、永恒的和圆形的或是复合的圆周运动"。这是哥白尼学说的基本观点之一,但含有主观想象的成分。就宇宙形状而言,他主张宇宙呈球形,"是因为在一切形状中,球形是最完美的","它是一切形状中容积最大的,最宜于包罗一切事物"。这些都缺少严格的论证。但在当时,这是科学家和哲学家们的普遍观点。哥白尼对大地是球形,却列举出一系列确切的依据。例如自南向北的旅行者会发现北天极不断上升,南天极在下沉。至于天体轨道是圆形的问题,我们在前面谈过了。这是哥白尼时代的历史局限性。

在第 5 章里,作者正确地运用相对运动的原理,通过地球周日旋转来解释日月星辰的出没。他用生动的文字写道："我们是从地球上看到天界的芭蕾舞剧在我们的眼前重复演出。"第 6 章的标题"天比地大，无可比拟"，也是哥白尼学说的一个基本观点。他用视差的原理，清楚地阐明"天穹比地球大得无与伦比，可以说是无穷大"。这些话在今天看来，也是正确的。接着在第 7、8 两章，他对地心学说进行系统的批判。虽然哥白尼对重力和元素的概念是很原始的，具有明显的时代局限性，但他的论证是有说服力的。为了摆脱地心学说的困境，他在第 10 章中明确提出："应当考虑，是否有几种运动都适用于地球，于是可以把地球看成一颗行星。"这已是鲜明的日心学说论点了。至于是怎样的几种运动呢？哥白尼在第 11 章中进一步提出地球的"三重运动"。这是哥白尼学说的主要内容之一。所谓"三重运动"是指地球除周日自转和绕日公转外，还有一种"赤纬运动"（书中也称为"倾角的运动"）。这是由于赤道和黄道不重合，约有 $23°26'$ 的交角，于是地球赤纬在一年中不断变化。这方面内容在第二卷中将详细论述。

在本卷第 10 章,哥白尼用图 1-2[①] 排列出"天球"的次序。按当时的概念,每个天体都位于自己的天球上。哥白尼用长期的行星观测,正确地排出了它们的以及地球绕日转动的顺序。这张现在看来很寻常的图形,在当年却是一幅新颖惊人的奇景。它标志着人类认识宇宙的一次飞跃。

在系统论述日心学说的主要内容之后,作者用第 12 章至第 14 章系统介绍了平面三角学和球面三角学的基础知识,为读者了解后面各卷的内容提供了必要的数学工具。

总的说来,第一卷是全书的概括和缩影,值得读者仔细研读。

第二卷主要内容

第二卷的主旨是论述地球的三种运动(即周日自转、绕日公转和赤纬运动)所引起的一系列现象,包括昼夜交替、四季循回、太阳和黄道十二宫的出没等。本卷

---

① 指原书的图序号,下同。——编辑注

的内容层次分明，概念清晰。为了用球面天文的方法对
这些现象进行定量研究，第 1 章逐一说明赤道、黄道、地
平、回归线等的定义以及在天球上的位置。这是本卷的
基本知识。我们在介绍第一卷时谈过，对赤纬运动及其
影响的研究，是哥白尼学说主要内容之一；而地球的这
种运动是由"黄赤交角"引起的。本卷第 2 章讲述这个
角度（又称为黄道倾角）的含义和测量方法。作者正确
地指出，黄赤交角并非如托勒密所说那样是固定不变
的。哥白尼给出了此角的下限，并认为以后不会小于
23°28′。当然具体变化和数值，后来定得更准。

　　从第 3 章开始，作者依次讲述在赤道、黄道和地平
等三套坐标系中天体位置的转换方法，给出了有应用价
值的数值表；并叙述天体中天时的黄道度数、正午时的
日影长度、昼夜长度变化等数量的测定方法。这些章节
构成本卷的主体，也可以认为是哥白尼时代的一本标准
的球面天文学教材。

　　在本卷的最后一章（即第 14 章），作者讲述恒星方
位测定与星表的编制。难能可贵的是，哥白尼在这方面
做过大量的实际工作。他在本章中详细介绍了方位天

文学观测的主要仪器星盘的结构、制造和使用方法。本卷末尾附有托勒密等人和哥白尼自己实测结果编制的星表。此星表按三个天区,即北天区、近黄道区和南天区,分别列出 360、346 和 316 颗恒星的黄道坐标与星等。每个天区都划分为若干星座,而对每颗恒星在其所属星座中的相对位置,都有文字描述。这个包含有上千颗恒星的详细星表,在当时,堪称是世界第一。

现在谈一个重要概念,即二分(春分、秋分)点和二至(夏至、冬至)点,在天球上的位置并非固定不变,而是在黄道上缓慢移动。这种现象称为岁差。哥白尼对它进行了深入的研究,这也是哥白尼对天文学的重要贡献之一。他在第 14 章开头就明确指出,不能用分至点,而须用日、月位置来确定太阳年的长度。在这章的末尾,他又提出不能像托勒密那样用二分点测定恒星位置,而应当反其道而行之,即用恒星位置来确定二分点。这些宝贵的真知灼见,是作者对岁差现象进行认真研究而取得的。至于哥白尼在此方面工作的详细情况,便是第三卷的主要内容。

第三卷主要内容

第三卷主要讨论**岁差**(更确切地说是讨论二分点和二至点的岁差)。这是一个发现很早并使天文学家感到困惑难解的重要现象。在第 1 章中,作者回顾了岁差的研究历史,指出古希腊天文学家喜帕恰斯(Hipparchus,约前 190—前 125)察觉用分(至)点测量的回归年与恒星年的长度不同,由此想到恒星相对黄道在移动,这是岁差的最早发现。第 2 章进一步讨论岁差的不均匀性,即黄道、赤道的交点(即二分点)移动速率不固定,时快时慢(关于这点,下面我们有具体评述)。

在前人的工作基础上,哥白尼对岁差的研究有自己的贡献。他在第 3 章中正确地阐明岁差的成因是地球自转轴的方向变化所致。由于地轴在绕黄极兜圈子,故赤道以及黄、赤道交点在不断移动,岁差就这样产生了。哥白尼说这个现象很复杂,"很难用语言说清楚,因此我担心用耳朵不会懂得,还需要用眼睛看"。于是他在图

3-2① 中用扭曲线 *FKILGMINF* 描绘出地轴与天球交点移动的轨迹。他还指出:"在黄赤交角变化一周中,地极向前进两次达到终点,并两次后退达到终点。"因此作者认为二分点移动时快时慢,呈现出周期性变化。

哥白尼得出这样结论,主要根据古代的观测记录。他在第 2 章和第 6、7 章中谈到从提摩恰里斯(Timochalis)到托勒密时代,共计 432 年间,岁差值为每 100 年 1 度;从托勒密到阿耳·巴特尼的 742 年间,岁差值似乎增大了,平均 65 年 1 度;可是在以后到哥白尼时代,岁差值又变小,要 76 年 1 度。用这些资料,哥白尼自然会得出二分点移动时快时慢的看法。但是他大概没有注意到,不同时期的不同观测者所得资料精度并不相同,因此很难作简单的对比。现在我们知道,地极和二分(至)点的移动是很复杂的,是时快时慢。移动分为长期项(随时间单调变化)和周期项两部分。我们称长期项为岁差,其数值每年约 50″,只有微小变化。如现在是 50″.29,哥白尼时代为 50″.18。这样小的变化在哥白尼时代无法测出。我们称周期项为章动,因为在周期项

---

① 指原书的图序号,下同。——编辑注

中,变幅最大项的周期为一"章"(即 18.6 年)。但变幅在黄经上只有 17″.20,在黄赤交角上只有 9″.20;这样小的变化在哥白尼时代也是发现不了的。后来在 1748 年,英国天文学家布拉德雷(J.Bradley)发现章动。因此若把岁差和章动一起考虑,哥白尼的看法并不错;但这只能说是他的预言或巧合。在第 4 章中关于不均匀天平动的解释也是如此。

从第 6 章开始,哥白尼用好几章的篇幅讨论二分点岁差与黄赤交角等数值变化的均匀行度和非均匀行度。按上一段所述,这几章的内容只具有天文史研究的参考价值。读者不必多花时间去探讨细节。

此外,由于历史局限性,哥白尼当时不了解椭圆。故从第 15 章起,他用偏心圆和本轮来讨论太阳视运动的不均匀性,已成为历史的陈迹了。

第四卷主要内容

第四卷的内容非常丰富,共有三个课题,都同月球有关。

第一个是**月球的运动**。哥白尼很重视这项研究,其原因在本卷引言中谈得很清楚。首先,月球在白昼和夜晚都能看见,这对确定和检验它的位置特别有利。其次,月球是地球的唯一的天然卫星,它的运行与地球有密切的联系,值得我们仔细关注。但是月球的运动非常复杂,哥白尼用了 14 章的篇幅进行细致描述。他所看到的复杂性主要表现在下面两点:一是月球既不在黄道也不在赤道上运动,而有自己的轨道(白道);另一点是月球运行的速率和位置变化(书中用"行度"表示)非常不均匀。为了表示这种不均匀性,作者在第 5 章和第 8 章中提出"第一种差"和"第二种差"的概念。前者指的是在朔望时月球的平均行度与视行度之差(他称为"行差");后者是在上下弦时的行差。在圆周上做均匀运动的历史局限性束缚下,哥白尼用它来研究月球的不均匀运行,真是煞费苦心。他先用前人的方法,用每组三次月食的观测来决定月球运动的行差。具体说来,托勒密选择的是公元 133 年 5 月 6 日、134 年 10 月 20 日和 136 年 3 月 6 日的三次月食;而哥白尼观测了 1511 年 10 月 6 日、1522 年 9 月 5 日和 1523 年 8 月 25 日的月食。通过月食时月面同地影接触的时刻,以及已知的月球平均行度,可以测定月球的行差。但对不同地点的观测需要做一些换算。详细情况见本卷第5章。

在第8和第9两章中,哥白尼设计出"两个本轮"的图像,用来解释月球运行的不均匀性。具体说来,在图4-9中,他设想月球在小本轮 MFL 上运行,而小本轮的中心 E 在大本轮 AEB 上运转。这样一来,本来两种都是均匀圆周运动,合在一起就形成不均匀的视运动。例如,当小本轮中心从 A 移动到 E 时,月球先后转过 MF 和 FL 两段圆弧。需要注意的是,从地球中心 D 看来,沿这两段弧运动的方向相反,一个朝向 D,一个背离 D。这样就把两个本轮的均匀运动,叠合成不均匀的视运动了。哥白尼进一步根据月食的观测资料,在取大本轮中心到地心的距离 CD 等于10000单位时,计算出大、小本轮的半径比为1097:237。

必须说明,在哥白尼时代,还不知道月球绕地球运动的原因是地、月之间的引力;更不知道太阳和各大行星的引力也会影响月球的运动。因此,月球的运动极其复杂,成为天文学的难题之一。哥白尼用两个本轮的模型当然不可能解释月球的真实运动。只是因为当时的历史条件，观测仪器的精度很低。他用这种模型大致能解释当时的月球视运动。对于非科学史工作者，这些具体方法不必细看。

在第10章到第14章，作者具体讲述如何用两个本轮的模型，从月球的平均行度推出不均匀的视行度，并用表格显示出月球的行差与近点角。按上段所述，因两个本轮的模型不可能描述月球的真实运动，故这几章的内容也只有历史意义。

从第15章到第27章的内容，是本卷讨论的第二个课题，即**月球的视差**。视差是观测者在两个不同位置看到同一天体方向之差。如果两个位置之间的距离已知，由视差容易算出天体的距离。作者在第15章中首先详细介绍视差仪的制作方法。随即在下一章叙述他自己和托勒密用这种仪器测量月球视差的结果。有了这些结果，便可求出地月距离（第17章）和月球直径（第18章），并在此基础上得到日、月、地三个天体的相对大小（第20章）以及其他一些天文学数据。最后在第27章，哥白尼用自己对月掩星观测的结果，来证实他对月球视差及其他课题论述的正确性。就这样，从仪器到实测、资料分析和观测验证,13 章内容构成一个完整的体系。值得提出的是,从现在的科学水平来看,这部分的原理仍然是正确的。这样求出的视差称为"三角视差"。只是随着仪器和观测技术的不断改进,所得视差的精度逐步提高了。

本卷的第三个课题是**日月食**。哥白尼用 5 章的篇幅(第 28 章到第 32 章)来讨论这个天文学家和广大群众都感兴趣的天文现象。众所周知,日月食是由日、月、地三个天体的相对位置所决定的。具体说来,日食发生在朔日(农历初一),而月食发生在望夜(满月)。在这两种情况下,日月相对位置分别出现合与冲。利用已知的月球平均行度,可以确定平合及平冲的时刻(第 28 章)。由于月球运行的不均匀性,需要考虑行差,才能定出真合与真冲(第 29 章),又由于黄道和白道不重合,有 5°9′的交角,故不是每逢朔望都会发生日月食。只有当朔望时,月球在黄道附近才有可能。因此要确定是否有日月食,还需考虑朔望时月球的黄纬。这是第 30 章的内容。在本卷最后两章,作者分别讨论食分和食延时间。这五章合在一起,可以说是在经典球面天文学范畴内,对日月食原理做了较全面的论述。

第五卷主要内容

第五卷是《天体运行论》全书中篇幅最大的一卷。哥白尼把本卷和随后的第六卷都用于论述**行星的运动**。当时人们知道的只有金、木、水、火、土五大行星。它们的轨道和运行规律,是日心学说的主要内容,大致说来,第五卷讨论行星的"经度行度";第六卷讨论它们的"纬度行度"。

本卷第1章,作者开宗明义地指出,行星视运动是由两种完全不同的运动合成的。它们是:(1)由地球运转引起的"视差动";(2)行星自身的绕日公转。就今天的人们看来,这是常识,可是在当时却是一个全新的概念。哥白尼指出:地球的均匀运动超过行星的运动(土星、木星和火星是这种情况)或被行星运动超过(金星和水星便是如此)的差值就是视差动。正是视差动"引起行星的留、恢复顺行以及逆行"等奇异现象。通过几十年的辛勤观测,哥白尼对每颗行星都精确测定它视差运

转一周所需的时间（现在称为会合周期）。例如土星的
会合周期为 378 日 5 日分 32 日秒 11 日毫。（按当时流
行术语的含义：1 日等于 60 日分，1 日分等于 60 日秒，1
日秒等于 60 日毫。）经过换算为度、分、秒后，可得土星视
差运转的年行度为 $347°32'02''34'''12''''$，相应日行度是
$57°17''44''0''''$。在当时应该是最精确的数值。哥白尼在这
一章中对五颗行星都给出这样的数据，还用表格对它们
分别列出 60 年内逐年的视差动以及 60 日内逐日的和
逐日分视差动的数据。这是他和前人所做大量观测的
结晶。

在本卷第 2 章到第 4 章，作者先后讲述用偏心圆的
均匀运动对非均匀运动的解释、地球运动引起的视非均
匀性以及行星运动的非均匀性。这些内容都不难理解。

从第 5 章开始，哥白尼依次对五颗行星分别论述它
们的运动。首先谈论的是土星（第 5 章到第 9 章）。读
者从第四卷中已看到，托勒密和哥白尼用一组三次月食
的观测来测定月球的行差。现在谈的是用类似的方法，
即通过一颗行星三次冲日的观测，可以测定它的高、低
拱点的位置，以及它的偏心圆中心与地心的距离。在第

5章,作者分析托勒密在公元127年3月26日、133年6月3日和136年7月8日三次土星冲日的实测资料。接着在第6章,哥白尼用自己的三次观测(1514年5月5日、1520年7月13日和1527年10月10日),都得到确切的结果。此外,在第7章作者由土星运行的资料求出它的拱点月在100年间移动1度。第8章讲述由土星行度确定其位置的方法。然后在第9章中,他用第四卷的视差测距法,从地球在绕日轨道上不同位置测定土星的视差,从而求得土星到地球的距离。哥白尼得到的结果是:若以地球轨道半径为单位,则土星远地距离为9.70,而近地距离为8.65。

在第9章以后,作者讨论其他两颗外行星的运动。具体说来,第10章到第14章讲木星,第15章到第19章讲火星。对它们的论述,就原理和方法来说,都与土星基本相同,因此不必逐一介绍。

金星和水星是内行星,没有冲日现象,故上述方法无效。于是古代天文学家采用在清晨和黄昏时,先后两次测量行星与太阳的最大距角,以此方法来确定行星绕日轨道高、低拱点位置以及轨道的偏心率。第20章阐述此方法的原理,并介绍西翁在公元 132 年 3 月 8 日黄昏和 127 年 10 月 12 日清晨对金星所做的两次观测。第 21 章谈到,用这些资料还可以求得地球与金星轨道半径的比值。具体说来,取地球半径为 10000 单位,则金星轨道半径是 7193,而偏心度(即地球轨道中心与金星轨道中心的距离)为 208。为了弥补实测结果与假想的圆周运动间的差异,作者在第 22 章提出,金星轨道中心并非固定不动,而是在一个小圆圈上移动。他称此运动为"双重运动",称此小圆圈为"偏心偏心圆",并求得它的半径为 104 单位。当然这些设想都是坚持天体轨道是圆形而派生出来的。对此历史局限性,我们已多次谈过了。

在第 25 章到第 31 章作者详细讨论水星。他首先指出,通过与太阳最大距角的测量可以研究水星的运动,并设计出与金星类似的"双重运动"(第 25 章)。利用托勒密的观测资料,哥白尼定出水星高、低拱点的位置(第 26 章)、偏心距和大小本轮的半径(第 27 章)以及平均行度(第 29 章)。由于水星和地球都在绕日运动,它们同太阳的相对位置在不断变化,故水星同太阳的距角时大时小(第 28 章)。水星是太阳的最近行星,它经常被掩没在太阳的光芒中。哥白尼花费很大力量来观测它,并借用和分析别人的资料(第 30 章)来确定水星的位置(第 31 章)。

附带谈到,除了第 25 章中设计的"双重运动"外,哥白尼还设计本轮中心在连接高、低拱点的直径上来回做"天平动",也可弥合水星视运动与简单圆周运动之间的差异(第 32 章)。

在本卷的最后五章,作者除对五颗行星分别列出行差表(第 33 章)外,还讨论一些共同的问题,即行星的黄经计算方法(第 34 章)、行星视运动中的留和逆行(第 35 章)、确定逆行的时间和弧段长度的方法(第 36 章)。这些都是哥白尼对行星运动研究的独创性贡献。

第六卷主要内容

第六卷是第五卷的继续,也论述行星的运行。作者在第五卷中讲述了地球的运转怎样影响行星黄经上的视运动。本卷进一步讨论地球运动所引起的行星黄纬偏离。这项研究是必要的,因为只有准确定出黄经和黄纬后,我们才能知道行星的真实位置,并由此推出行星的出没、留、逆行、被掩等现象发生的时刻和方位。

首先必须指出,行星绕日运动的轨道面与黄道面(即地球运转的轨道面)不重合,而与黄道面有一定的倾角,并且各个行星的轨道面倾角不同。因此,为了确定行星的黄纬,首要任务是测出各个行星轨道面的倾角。作者在本卷的前两章对行星的黄纬以及地球运动引起的黄纬偏离,作了概略的描述。接着就在第3章讲解托勒密用三颗外行星冲日和合日的观测,来推求轨道面倾角的方法和结果。对于两颗内行星,使用的是在大距(与太阳角距最大时)处的观测(第5章)。这样就对内、外行星采用了不同的方法。这与第五卷所述测定行星行差的方法类似。具体地说,由于我们是从地球上看行星,而地球与行星都在运动,它们的相对位置随时在变化,故地球的运动会引起行星黄纬的偏离。哥白尼分别从下列三种情况解释这个问题:(1)行星位于近地和远地点之间的经度范围内(第5章);(2)行星位于近地点或远地点及其附近（第 6 章）；（3）行星轨道的偏心状态引起的纬度变化（第 8 章）；哥白尼把这三种黄纬偏差分别称为"赤纬""倾角"和"偏离"，并把它们合称为"三重纬度"。可以认为，本卷的主要内容就是讲述这三重纬度及其变化，以及它们的相互关系。

为了使上述内容在实测中便于应用，作者在第 8 章末尾对五颗行星分别给出黄纬数值表，并在第 9 章详细讲解这些表格的使用方法。

⚘ 中　　篇 ⚘

天体运行论(节选)

On the Revolutions

《天体运行论》序言—第一卷引言—宇宙是球形的—大地也是球形的—大地和水如何构成统一的球体—天体的运动是匀速的、永恒的和圆形的或是复合的圆周运动—圆周运动对地球是否适宜 地球的位置在何处—天比地大，无可比拟—为什么古人认为地球静居于宇宙中心—以往论证的不当和对它们的批驳—能否赋予地球几种运动? 宇宙的中心—天球的顺序—地球三重运动的证据—圆周的弦长—平面三角形的边和角—球面三角形

《天体运行论》序言①

神圣的父,我能够容易地想象到,某些人一旦听到在我所写的这本关于宇宙中天球运转的书中我赋予地球以某些运动,就会大嚷大叫,宣称我和这种信念都应当立刻被革除掉。但是我对自己的见解并没有迷恋到如此地步,以至于不顾别人对它们有什么想法。我知道,哲学家的思维并不受制于一般人的判断。这是因为他努力为之的是在上帝对人类理智所允许的范围内,寻求一切事物的真谛。我认为应当摆脱完全错误的观念。我早已想到,对于那些因袭许多世纪来的成见,承认地球静居于宇宙中心的人们来说,如果我提出针锋相对的论断,即地球在运动,他们会认为这是疯人呓语。因此

---

① 原书标题为"给保罗三世教皇陛下的献词",也是哥白尼为《天体运行论》写的序言。参见《天体运行论》(北京大学出版社,2006年版)第256页"注释"。——编辑注

我自己踌躇很久,是否应当把我论证地球运动的著作公之于世,还是宁可仿效毕达哥拉斯以及其他一些人的惯例,把哲理奥秘只口述给至亲好友,而不著于文字——这有莱西斯(Lysis)给喜帕恰斯的信件为证。我认为,他们这样做并不是像有些人设想的那样,是怕自己的学说流传开后会产生某种妒忌。与此相反,他们希望这些满怀献身精神的伟大人物所取得的非常美妙的想法不致遭到一些人的嘲笑。那些人除非是有利可图,或者是别人的劝诫与范例鼓励他们去从事非营利性的哲学研究,否则他们就懒于进行任何学术工作。由于头脑的愚钝,他们在哲学家中间游荡,就像蜜蜂中的雄蜂一样。当我把这些情况都仔细斟酌的时候,害怕我的论点由于新奇和难于理解而被人蔑视,这几乎迫使我完全放弃我已着手进行的工作。

可是当我长期犹豫甚至经受不住的时候,我的朋友们使我坚持下来,其中第一位是卡普亚的红衣主教尼古拉·舍恩贝格,他在各门学科中都享有盛名。其次是挚爱我的台德曼·吉斯,他是捷耳蒙诺(Chelmno)地区的主教,专心致力于神学以及一切优秀文学作品的研究。

在我把此书埋藏在我的论文之中，并且埋藏了不是九年，而是第四个九年之后，他反复鼓励我，有时甚至夹带责难，急切敦促我出版这部著作，并让它最后公之于世。还有别的为数不少的很杰出的学者，也建议我这样做。他们规劝我，不要由于我所感到的担心而谢绝让我的著作为天文学的学生们共同使用。他们说，目前就大多数人看来我的地动学说愈是荒谬，将来当最明显的证据使迷雾消散之后，我的著作出版就会使他们感到更大的钦佩和谢意。于是在这些有说服力的人们和这个愿望的影响下，我终于同意了朋友们长期来对我的要求，让他们出版这部著作。

　　然而，教皇陛下，您也许不会感到惊奇，我已经敢于把自己花费巨大劳力研究出来的结果公之于世，并不再犹豫用书面形式陈述我的地动学说。但您大概想听我谈谈，我怎么会违反天文学家的传统论点并几乎违反常识，竟敢设想地球在运动。因此我不打算向陛下隐瞒，只是由于认识到天文学家们对天球运动的研究结果不一致，这才促使我考虑另一套体系。首先，他们对太阳和月球运动的认识就很不可靠，他们甚至对回归年都不能确定和测出一个固定的长度。其次,不仅是对这些天体,还有对五个行星,他们在测定其运动时使用的不是同样的原理、假设以及对视旋转和视运动的解释。有些人只用同心圆,而另外一些人却用偏心圆和本轮,尽管如此都没有完全达到他们的目标。虽然那些相信同心圆的人已经证明,用同心圆能够叠加出某些非均匀的运动,然而他们用这个方法不能得到任何颠扑不破的、与观测现象完全相符的结果。在另一方面,那些设想出偏心圆的人通过适当的计算,似乎已经在很大程度上解决了视运动的问题。可是这时他们引用了许多与均匀运动的基本原则显然抵触的概念。他们也不能从偏心圆得出或推断最主要之点,即宇宙的结构及其各部分的真实的对称性。与此相反,他们的做法正像一位画家,从不同地方临摹手、脚、头和人体其他部位,尽管都可能画得非常好,但不能代表一个人体。这是因为这些片段彼此完全不协调,把它们拼凑在一起就成为一个怪物,而不是一个人。因此我们发现,那些人采用偏心圆论证的过程,或者叫作"方法",要不是遗漏了某些重要的东西,就是塞进了一些外来的、毫不相干的东西。如果他们遵循正确的原则,这种情况对他们就不会出现。如果他们所采用的假设并不是错误的,由他们的假设得出的每个结果都无疑会得到证实。即使我现在所说的也许是含混难解的,它将来在适当的场合终归会变得比较清楚。

于是,我对传统天文学在关于天球运动的研究中的紊乱状态思考良久。想到哲学家们不能更确切地理解最美好和最灵巧的造物主为我们创造的世界机器的运动,我感到懊恼。在其他方面,对于和宇宙相比极为渺小的琐事,他们却考察得十分仔细。因此,我不辞辛苦重读了我所能得到的一切哲学家的著作,希望了解是否有人提出过与天文学教师在学校里所讲授的不相同的天球运动。实际上,我首先在西塞罗(Cicero)①的著作中查到,赫塞塔斯(Hicetas)设想过地球在运动。后来我在普鲁塔尔赫(Plutarch)②的作品中也发现,还有别的一些人持有这一见解。为了使每个人都能看到,我决定把他的话摘引如下:

---

① 罗马共和国时代的政治家、演说家和作家(前106—前43)。
② 罗马帝国时代的希腊历史学家,以撰写英雄传记著名(46?—120?)。

　　有些人认为地球静止不动。但是毕达哥拉斯学派的费洛劳斯相信地球像太阳和月亮那样，沿着倾斜的圆周绕着一团火旋转。庞都斯(Pontus)的赫拉克利德以及毕达哥拉斯学派的埃克范图斯(Ecphantus)都主张地球在动，但不是前进运动，而是像一只车轮，从西向东绕它自己的中心旋转。

　　就这样，从这些资料受到启发，我也开始考虑地球的可动性。虽然这个想法似乎很荒唐，但我知道为了解释天文现象的目的，我的前人已经随意设想出各种各样的圆周。因此我想，我也可以用地球有某种运动的假设，来确定是否可以找到比我的先行者更可靠的对天球运行的解释。

　　于是，假定地球具有我在本书后面所赋予的那些运动，我经过长期、认真的研究终于发现：如果把其他行星的运动与地球的轨道运行联系在一起，并按每颗行星的运转来计算，那么不仅可以对所有的行星和球体得出它们的观测现象，还可以使它们的顺序和大小以及苍穹本身全都联系在一起了，以致不能移动某一部分的任何东

西而不在其他部分和整个宇宙中引起混乱。因此在撰
写本书时我采用下列次序。在第一卷中我讲述天体的
整体分布以及我赋予地球的运动。因此这一卷可以说
包含了宇宙的总的结构。然后在其余各卷中，我把别的
行星和一切球体的运动都与地球的移动联系起来。这
样我就可以确定，如果都与地球的运动有联系，其他行
星和球体的运动和出现在多大程度上能够保持下来。
我毫不怀疑，精明的和有真才实学的天文学家，只要他
们愿意深入地而不是肤浅地检验和思考（这是这门学科
所特别要求的），我在本书中为证明这些事情所引用的
资料，就会赞同我的观点。但是为了使受过教育和未受
教育的人都相信我绝不回避任何人的批评，我愿意把我
的著作奉献给陛下，而不是给别的任何人。甚至在我所
生活的地球上最遥远的一隅，由于您的教廷的崇高以及
您对一切文化还有天文学的热爱，您被推崇为至高无上
的权威。因此您的威望和明断可以轻而易举地制止诽
谤者的中伤，尽管正如俗话所说："暗箭难防。"

　　也许有一些空谈家，他们对天文学一窍不通，却自
称是这门学科的行家。他们从《圣经》中断章取义，为自
己的目的加以曲解，他们会对我的著作吹毛求疵，并妄

加非议。我不会理睬他们，甚至认为他们的批评是无稽之谈，予以蔑视。众所周知，拉克坦蒂斯（Lactantius）[①]可以说是一位杰出的作家，但不能算作一个天文学家。他很幼稚地谈论地球的形状，并嘲笑那些宣称大地是球形的人。因此如果这类人会同样地讥笑我，学者们大可不必感到惊奇。天文学是为天文学家撰写的。除非我弄错了，就天文学家看来我的著作对教廷也会做出一定的贡献，而教廷目前是在陛下的主持之下。不久前在里奥十世治下，在拉特兰（Lateran）会议上讨论了教会历书的修改问题。当时这件事悬而未决，这仅仅是因为年和月的长度以及太阳和月亮的运动测定还不够精确。从那个时候开始，在当时主持改历事务的佛桑布朗（Fossombrone）地区最杰出的保罗主教的倡导之下，我把注意力转向这些课题的更精密的研究。但是在这方面我取得了什么成就，我特别提请教皇陛下以及其他所有的有学识的天文学家来鉴定。为使陛下不致感到我在夸大本书的用处，我现在就转入正文。

---

① 公元 3 世纪至公元 4 世纪罗马帝国时期的一位基督教作家。

第一卷引言

　　在人类智慧所哺育的名目繁多的文化和技术领域中,我认为必须用最强烈的感情和极度的热忱来促进对最美好的、最值得了解的事物的研究。这就是探索宇宙的神奇运转,星体的运动、大小、距离和出没,以及天界中其他现象成因的学科。简而言之,也就是解释宇宙的全部现象的学科。难道还有什么东西比当然包括一切美好事物的苍穹更加美丽的吗? 这些(拉丁文)名词本身就能说明问题:caelun① 和 mundus②。后者表示纯洁和装饰,而前者是一种雕刻品。由于天空具有超越一切的完美性,大多数哲学家把它称为可以看得见的神。因此如果就其所研究的主题实质来评判各门学科的价值,

---

① 天。
② 宇宙。

那么首先就是被一些人称为天文学,被另一些人叫作占星术,而许多古人认为是集数学之大成的那门学科。它毫无疑义地是一切学术的顶峰和最值得让一个自由人去从事的研究。它受到计量科学的几乎一切分支的支持。算术、几何、光学、测地学、力学以及所有的其他学科都对它做出贡献。

虽然一切高尚学术的目的都是诱导人们的心灵戒除邪恶,并把它引向更美好的事物,天文学能够更充分地完成这一使命。这门学科还能提供非凡的心灵欢乐。当一个人致力于他认为安排得最妥当和受神灵支配的事情时,对它们的深思熟虑会不会激励他追求最美好的事物并赞美万物的创造者? 一切幸福和每一种美德都属于上帝。难道《诗篇》①的虔诚作者不是徒然宣称上帝的工作使他欢欣鼓舞? 难道这不会像一辆马车一样把我们拉向对至善至美的祈祷?

柏拉图(Plato)②最深刻地认识到这门学科对广大

---

① 指《圣经》中的《诗篇》。
② 古希腊哲学家(前427—前347)。

民众所赋予的裨益和美感(对个人的不可胜数的利益就不必提了)。在《法律篇》一书第七卷中,他指出研究天文学主要是为了把时间划分为像年和月这样的日子的组合,这样才能使国家对节日和祭祀保持警觉和注视。柏拉图认为,任何人如果否认天文学对高深学术任一分支的必要性,这都是愚蠢的想法。照他看来,任何人缺乏关于太阳、月亮和其他天体的必不可少的知识,都很难成为或被人称作神职人员。

　　然而这门研究最崇高课题的,与其说人文的倒不如说是神灵的科学,并不能摆脱困境。主要的原因是它的原则和假设(希腊人称之为"假说")已经成为分歧的源泉。我们知道,和这门学科打交道的多数人之间有分歧,因此他们并不信赖相同的概念。还有一个附带的理由是对行星的运动和恒星的运转不能做精确的定量测定,也不能透彻地理解。除非是随着时间的推移,利用许多早期的观测资料,把这方面的知识可以说是一代接一代地传给后代。诚然,亚历山大城的托勒密①,利用400多年期间的观测,把这门学科发展到几乎完美的境

————————

　　①　罗马帝国时期的著名天文学家(2世纪)。

地,于是似乎再也没有任何他未曾填补的缺口了。就惊人的技巧和勤奋来说,托勒密都远远超过他人。可是我们察觉到,还有非常多的事实与从他的体系应当得出的结论并不相符。此外,还发现了一些他所不知道的运动。因此在讨论太阳的回归年时,普鲁塔尔赫也认为天文学家至今还不能掌握天体的运动。就以年的本身为例,我想尽人皆知,对它的见解总是相差悬殊,以致许多人认为要对它作精密测量是绝望了。对其他天体来说,情况亦复如此。

但是,为了免除一种印象,即认为这个困难是懒惰的借口,我将试图对这些问题进行比较广泛的研究。我这样做是由于上帝的感召,而如果没有上帝,我们就会一事无成。这门学科的创始人离开我们的时间愈长,为发展我们的事业所需要的帮助就愈多。他们的发现可以和我新找到的事物相比较。进一步说,我承认自己对许多课题的论述与我的前人不一样。但是我要深切地感谢他们,因为他们首先开阔了研究这些问题的道路。

宇宙是球形的

首先，我们应当指出，宇宙是球形的。这要么是因为在一切形状中球是最完美的，它不需要接口，并且是一个既不能增又不能减的全整体；要么是因为它是一切形状中容积最大的，最宜于包罗一切事物；甚至还因为宇宙的个别部分（我指的是太阳、月球、行星和恒星）看起来都呈这种图形；乃至为万物都趋向于由这种边界所包围，就像单独的水滴和其他液体那样。因此，谁也不会怀疑，对神赐的物体也应当赋予这种形状。

大地也是球形的

大地也是球形的,因为它从各个方向向中心挤压。可是由于有高山和深谷,人们没有立即认出大地是一个完整的球体。但是山和谷不会使大地的整个球形有多大改变,这一点可以说明如下。对于一个从任何地方向北走的旅行者来说,周日旋转的天极渐渐升高,而与之相对的极以同样数量降低。在北天的星星大都不下落,而在南面的一些星永不升起。在意大利看不到老人星①,在埃及却能看见它。在意大利可以看见波江座南部诸星,而在我们这里较冷地区就看不到。相反,对一个向南行的旅行者来说,这些星在天上升高,而在我们这儿看来很高的星就往下沉。进一步说,天极的高度变化与我们在地上所走的路程成正比。除非大地呈球形,

①　即船底座 α 星。

情况就不会如此。由此可见,大地同样是局限在两极之间,因此也是球形的。还应谈到,东边的居民看不见在我们这里傍晚发生的日月食,西边的居民也看不到早晨的日月食;至于中午的日月食,住在我们东边的人看起来比我们要晚一些,而西边的人早一些。

航海家已经知道,大海也呈同样形状。这是因为在甲板上还看不见陆地的时候,在桅樯顶端却能看到它。从另一方面说来,如果在船桅顶上放一个光源,当船驶离海岸的时候,留在岸上的人就会看见亮光逐渐降低,直至最后消失,好像是在沉没。此外,水的本性是可流动的,它同泥土一样总是趋向低处,海水不会超越它的上升所容许的限度,流到岸上较高的地方去。因此,只要陆地冒出海面,它就比海面离地球中心更远。

大地和水如何构成统一的球体

海水到处倾泻,环绕大地并填满低洼的地方。因为水和地都有重量,它们都趋向同一的中心。水的容积应该小于大地,这样海水才不会淹没整个大地,而留下一部分土地和许多星罗棋布的岛屿,于是生物才有存在的余地。人烟稠密的国家和大陆本身是什么呢?难道不过是一个更大的岛屿吗?

逍遥学派者们认为水的整个体积为陆地的 10 倍,我们不必理睬他们。按照他们所承认的猜想,在元素转换时,1 份土可溶解成为 10 份水。他们还断言,由于大地有空穴,并不是到处一样重,因此大地在一定程度上凸起,它的重心与几何中心并不重合。他们的错误是由对几何学的无知造成的。他们不懂得,只要大地还有某些地方是干的,水就不可能比地大 6 倍,除非整个大地偏离其重心并把这个位置让给水，似乎水比其本身更重似的。球的体积同直径的立方成正比。因此，如果大地与水的容积之比为 1∶7，地球①的直径就不会大于从（它们的共同）中心到水的边界的距离。所以说，水容积不可能（比大地）大 9 倍。

进一步说，地球的重心与几何中心并无差别。这可以从下列事实来断定：从海洋向里面，陆地的弯曲度并非一直连续增加。否则陆地上的水就会完全排光，并且不可能有内陆海和辽阔的海湾。此外，海洋的深度也会从海岸向外不断增加，于是远航的水手就不会碰见岛屿、礁石或其他任何形式的陆地。但是大家知道，几乎是在有人居住的陆地的中心，从地中海东部到红海的距离还不到 15 弗隆②。另一方面，托勒密在他的《地理学》一书中，把可居住的地区几乎扩张到全世界。在他留作未知土地的子午线以外的地方，近代人又加上了中国以及经度达 60 度的辽阔土地。这样一来，目前有人烟地

---

① 指地球的固体部分。

② 长度单位，1 弗隆约等于 $\frac{1}{8}$ 英里或 201.167 米。

区所占的经度范围已经比余下给海洋的经度范围更大了。在这些地区之外,还应加上近代在西班牙和葡萄牙国王统治下所发现的岛屿,特别是美洲(America),以发现它的船长的名字命名。因为它的大小至今不明,人们认为是第二组有人烟的国家。此外,还有许多前所未知的岛屿。因此,我们对于对称点或对蹠地的存在,没有理由感到惊奇。用几何学来论证美洲大陆的位置,使我们不得不相信,它和印度的恒河流域正好在直径的两端对峙。

考虑到所有这些事实,我终于认识到:地与水有共同的重心;它与地球的几何中心相重合;因为陆地比较重,它的缝隙里充满了水;虽然水域的面积也许更大一些,水的容积还是比大地小得多。

大地跟环绕它的水结合在一起,其形状应当与它的影子一样。在月食的时候可以看出,大陆的影子正是一条完整的圆弧。因此大地既不是像恩培多克勒(Empedocles)①和阿拉克萨哥斯（Anaxagoras）②所想象的平面，并非留基伯（Leucippus）③所认为的鼓形，也不是赫拉克利特（Heraclitus）④所设想的碗状，亦非德莫克利特（Democritus）⑤所猜测的另一种凹形，或如阿那克西曼德（Anaximander）⑥所想的柱体，也并不是塞诺芬尼（Xenophanes）⑦所倡导的是下边无限延伸，厚度朝底减少；大地的形状正是哲学家所主张的完美的圆球。

----

① 公元前 5 世纪的希腊哲学家及政治家。
② 古希腊哲学家（前 500? —前 428）。
③ 公元前 5 世纪的希腊哲学家。
④ 古希腊哲学家（前 540? —前 480?）。
⑤ 古希腊哲学家（前 460? —前 362）。
⑥ 古希腊哲学家及天文学家（前 611? —前 547?）。
⑦ 公元前 6 世纪的希腊哲学家。

天体的运动是匀速的、永恒的和圆形的或是复合的圆周运动

现在我想到,天体的运动是圆周运动,这是因为适合于一个球体的运动乃是在圆圈上旋转。圆球正是用这样的动作表示它具有最简单物体的形状,既无起点,也没有终点,各点之间无所区分,而且球体本身正是旋转造成的。

可是由于[天上的]球体很多,运动是各式各样的。在一切运动中最显著的是周日旋转,希腊人称之为 νυχθημερον,就是昼夜交替。他们设想,除地球外,整个宇宙都是这样自东向西旋转。这可认作一切运动的公共量度,因为时间本身主要就是用日数来计算的。

其次,我们还见到别的在相反方向上,即自西向东

的运转。我指的是日、月和五大行星的运行。太阳的这种运动为我们定出年,月球定出月,这些也都是人们熟悉的时间周期。五大行星也用类似的方式在各自的轨道上运行。

可是,这些运动(与周日旋转或第一种运动)有许多不同之处。首先,它们不是绕着与第一种运动相同的两极旋转,而是倾斜地沿黄道方向运转。其次,这些天体在轨道上的运动看起来是不均匀的,因为日和月的运行时快时慢,而五大行星在运动中有时还有逆行和留。太阳径直前行,行星则有时偏南,有时偏北,各不相同地漫游。这就是为什么它们叫作"行星"的原因。此外,它们有时离地球近(这时它们位于近地点),有时离地球远(远地点)。

虽然如此,我们还是应当承认,行星是做圆周运动或由几个圆周组成的复合运动。这是因为这些不均匀性遵循一定的规律定期反复。若不是圆周运动,这种情况就不会出现,因为只有圆周运动才能使物体回到原先的位置。举例来说,太阳由复合的圆周运动可使昼夜不等再次出现并形成四季循环。这里面应当可以察觉出几种不同的运动,因为一个简单的天体不能由单一的球带动做不均匀运动。引起这种不均匀性的原因,要不是外加的或内部产生的不稳定性,那就是运转中物体的变化。可是我们的理智与这两种说法都不相容,因为很难想象在最完美状况下形成的天体竟会有任何这样的缺陷。

因此,合乎情理的看法只能是,这些星体的运动本来是均匀的,但我们看来是不均匀的了。造成这种状况的原因或许是它们的圆周的极点(与地球的)不一样,也可能是地球并不位于它们所绕之旋转的圆周的中心。我们从地球上观察这些行星的运转,我们的眼睛与它们轨道的每一部分并不保持固定的距离。由于它们的距离在变,这些天体在靠近时比起远离时看起来要大一些(这在光学中已经证实)。与此相似,由于观测者的距离变化,就它们轨道的相同弧长来说,它们在相同时间内的运动看起来是不一样的。因此,我认为首先必须仔细考察地球在天空中的地位,否则在希望研究最崇高的天体的时候,我们对最靠近自己的事物仍然茫然无知,并且由于同样的错误,把本来属于地球的事情归之于天体。

圆周运动对地球是否适宜
地球的位置在何处

　　既然已经说明大地也呈球形，我认为应当研究在这种情况下形状与运动是否也相适应，以及地球在宇宙中占有什么样的位置。如果不回答这些问题，就不可能正确解释天象。诚然，权威们普遍承认地球在宇宙中心静止不动。他们认为与此相反的观点是不可思议的，或者简直是可笑的。但是，如果我们比较仔细地思考一下这件事情，就会发现这个问题尚未解决，因此绝不能置之不理。

　　每观测到一个位置的变动，它可能是由被测的物体或观测者的运动所引起，当然也能够由这两者的不一致移动造成。当物体以相等的速率在同一方向上移动时，运动就察觉不出来,我指的是被测物体和观测者之间的运动察觉不出来。我们是从地球上看到天界的芭蕾舞剧在我们眼前重复演出。因此,如果地球有任何一种运动,在我们看来地球外面的一切物体都会有相同的,但是方向相反的运动,似乎它们越过地球而动。周日旋转就是一种这样的运动,因为除地球外似乎整个宇宙都卷入这个运动。可是,如果你承认天穹并没有参与这一运动而是地球自西向东旋转,那么你通过认真思考就会发现,这符合日月星辰出没视动的实际情况。进一步说,既然包容万物并为之提供栖身地的天穹构成一切物体共有的太空,乍看起来令人不解,为什么把运动归之于被包容的东西而不是包容者,即归于位在太空中的东西而不是太空框架。据西塞罗记载,毕达哥拉斯学派的赫拉克利德和埃克范图斯以及锡拉丘兹(Syracuse)的希塞塔斯都持有这种见解。他们主张,地球在宇宙的中央旋转,星星的沉没是被大地本身挡住了,而星星的升起是因为地球转开了。

如果我们承认地球的周日旋转,于是就出现另外一个同样重要的问题,这即是地球的位置问题。迄今为止,人们都一致接受宇宙的中心是地球这样一个信念。谁要是否认地球位于宇宙的中心,他就会主张地球与宇宙中心的距离和恒星天球的距离相比是微不足道的,但是相对于太阳和其他行星的天球来说,却还是可以察觉和值得注意的。于是他就可以认为,太阳和行星的运动看起来不均匀的原因在于它不是绕地心,而是绕另一个中心运动。就这样,他也许可以为不均匀视运动找到一个适当的解释。同样的行星看起来时近时远,这件事实确凿地证明它们轨道的中心并非地心。至于靠近和远离是由地球还是由行星引起的,这还不够清楚。

如果除周日旋转外地球还有某种其他的运动,这不足为怪。地球在旋转,它还有几种运动,并且它是一个天体,据说这些都是毕达哥拉斯学派费洛劳斯的见解。据柏拉图的传记作者说,费洛劳斯是一位杰出的天文学家,柏拉图急着到意大利去,就是为了拜访他。

然而许多人认为:用几何学原理可以证明地球位于宇宙的中央;与浩瀚无垠的天穹相比它好像是一个点,正在天穹的中心;地球静止不动,这是因为当宇宙运动时,中心停留不动,而最靠近中心的物体移动最慢。

天比地大，无可比拟

　　和天穹比较起来，地球这个庞然大物真显得微不足道了。这一点可以用下列事实阐明。地平圈（希腊文名词为 δριξοντας）把天球正好分为相等的两半。如果地球的大小或它到宇宙中心的距离与天穹相比是可观的，这种情况就不会出现。因为一个把球等分的圆必须通过球心，并且是球面上所能描出的最大的圆。

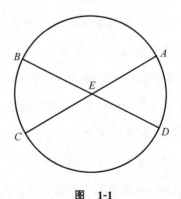

图 1-1

令圆周 $ABCD$ 为地平圈,并令地平圈的中心 E 为地球(我们在地球上进行观测)。地平圈把天空分为可见部分和不可见部分。现在,通过装在 E 的望筒、天宫仪或水准器看到,巨蟹宫的第一星① 在 C 点上升的同时,摩羯宫的第一星在 A 点下落。于是 A、E 和 C 都在穿过望筒的一条直线上。这条线显然是黄道的一条直径,这是因为黄道六宫形成一个半圆,而直线的中点 E 与地平圈的中心重合。接着,让黄道各宫移动位置,使摩羯宫第一星在 B 点升起。这时也可以看到巨蟹宫在 D 沉没。BED 是一条直线并为黄道的直径。但是,我们已经了解到,AEC 也是同一圆周的一条直径。这个圆周的中心显然就是这两条直径的交点,由此可知,地平圈随时都把黄道(天球上的一个大圆)等分。可是在球面上将一个大圆等分的圆周,本身也是一个大圆。因此,地平圈是一个大圆,圆心显然与黄道中心相合。

从地球表面引向天空中一点的直线与从地心引向同一点的直线,自然不重合。可是因为这些线与地球相

---

① 即巨蟹 α,余仿此。

比其长无限,它们可认作平行线[Ⅲ,15]①。由于它们的端点相距极远,因此两线看起来重合为一条线。由光学可证明,这两条线的间距与它们的长度相比是微不足道的。这种论证完全清楚地表明,天穹比地球大得无与伦比,可以说是无限大。地球与天穹相比,不过是微小的一点,如有限之比于无限。

但是我们似乎还没有得到别的结论。还不能说明地球必须静居于宇宙中心。实际上,如果是硕大无朋的宇宙每 24 小时转一周,而不是它的微小的一部分——地球——在转,那就会令人惊奇了。中心是不动的,最靠近中心的部分动得最慢,这个论点并不足以证明地球是在宇宙中心静止不动的。

再考虑一种类似的情况。天穹在旋转而天极不动,愈靠近天极的星转得愈慢。举例来说,小熊星座远比天鹰座或小犬座转得慢,这是因为它描出的圆圈较小。可是所有这些星座都属于同一天球。在一个球旋转时,轴上没有运动,而球上各部分运动的量不相等。随着整个

---

①　这表示原书第三卷第 15 章,下同。

球的转动,虽然各部分移动的长度不一样,它们都在相同的时间内返回初始位置。这个论证的要点是要求地球作为天球的一部分,也参与这一运动,于是它在靠近中心的地方,只有微小的移动。因此,地球作为一个天体而不是中心,它也会在天球上扫出圆弧,只有在相同时间内只扫出较小的弧。这个论点的错谬昭如白日。这是因为它会使有的地方永远是正午,另外的地方总是在半夜,于是星体的周日出没不会发生,因为宇宙的整体与局部的运动是统一而不可分割的。

情况千差万别的天体都受一种大不相同的关系所支配:轨道较小的天体比在较大圆圈上运动的天体转动得快。土星——最高的行星——每 30 年转一周;月球——肯定是最靠近地球的天球——每月转一周;最后,地球每昼夜转一周。因此,这又一次对天穹的周日自转提出疑问。此外,地球的位置仍然没有确定,上述情况使之更难肯定。已经得到证明的只是天比地大得非常多,但究竟大多少还不清楚。在另一个极端是非常微小而不可分割的物体,称为"原子"。因为太细微,如果一次取出很少几个,它们不能立即构成一个可以看得见的物体。但是它们积累起来,终归能达到可以察觉的尺度。关于地球的位置,情况是一样的。虽然它不在宇宙中心,但与之相距是微不足道的。对于恒星天球来说,情况尤为如此。

为什么古人认为地球静居于宇宙中心

　　古代哲学家试图用其他一些理由来证明地球静居于宇宙中心。然而他们把轻和重作为主要根据。他们认为，土是最重的元素，一切有重量的东西都朝它运动，并竭力趋向最深的中心。大地呈球形，地上所载的重物都向着地球表面垂直运动。因此，如果不是地面阻挡，它们会一直冲向地心。一条直线，如果垂直于与球面相切的水平面，就会穿过球心。由此可知，物体到达中心后，就在那里保持静止。整个地球静居于宇宙中心，而地球收容一切落体，它由于自身的重量也应静止不动。

　　古代哲学家用类似的方式分析运动及其性质，希望证实他们的结论。亚里士多德认为，一个单独的、简单的物体的运动是简单运动；简单运动包括直线运动和圆周运动；而直线运动可以是向上或向下的运动。因此，每一个简单运动不是朝中心（即向下），就是离中心（向上),或者绕中心(圆周运动)。只有被当作重元素的土和水,才有向下即趋向地心的运动;而气与火这样的轻元素则离开地心向上运动。这四种元素做直线运动,而天球绕宇宙中心做圆周运动,这样似乎是合理的。亚里士多德就如此断言[《天穹篇》,Ⅰ,2;Ⅱ,14]。

亚历山大城的托勒密[《至大论》①,Ⅰ,7]指出,如果地球在运动,即使只有周日旋转,结果就会违反上述道理。这是因为要使整个地球每 24 小时转一周,这个运动应当异常剧烈,它的速度高得无可比拟。在急剧自转的作用下,物体很难聚集起来。即使它们是聚结在一起产生的,如果没有某种黏合物使之结合在一起,它们也会飞散。托勒密说,如果情况是这样,地球早就该分崩离析,并且从天穹中消散了(这自然是一个荒谬绝伦的想法)。此外,一切生物和可以活动的重物都绝不会安然无恙留存下来。落体也不会沿直线垂直坠落到预定地点,因为迅速运动使这个地点移开了。还有,云和浮现在空中的任何东西都会随时向西漂移。

---

① 托勒密的主要著作,在古代是天文学的百科全书,直到开普勒的时代都是天文学家的必读书籍。

以往论证的不当和对它们的批驳

根据这些以及诸如此类的理由,古人坚持说地球静居于宇宙中心,并认为地球的这种状态是毋庸置疑的。如果有人相信地球在动,他肯定会主张这种运动是自然的,而不是受迫运动。遵循自然法则产生的效果与在受迫情况下得出的结果截然相反,这是因为受外力或暴力作用的物体必然会瓦解,不能长久存在。反之,自然而然产生的事物都安排得很妥当,并保存在最佳状态中。托勒密担心地球和地上的一切会因地球自转而土崩瓦解,这是毫无根据的。地球自转是大自然的创造,它与人的技能和智慧的产品完全不同。

可是他为什么不替运动比地球快得多并比地球大得多的宇宙担心呢? 由于无比强大的运动使天穹偏离宇宙中心,天穹是否就变得辽阔无际呢? 一旦运动停止,天穹也会崩溃吗? 如果这种理解是正确的,天穹的尺度肯定也会增长到无穷大。因为 24 小时运转所经过的途程不断增加,运动把天穹驱向愈高的地方,运动就变得愈快。反过来说,随着运动速度的增长,天穹会变得更加辽阔。就这样,速度使尺度增大,尺度又引起速度变快,如此循环下去,两者都会变成无限大。可是根据我们所熟悉的物理学原理,无限体既不能转动也不能运动,因此天穹必须静止不动。

据说在天穹之外既没有物体,也没有空间,甚至连虚无也没有,是绝对的一无所有,因此天穹没有扩张的余地。可是竟有什么东西为乌有所约束,这真是咄咄怪事。假如天穹是无限的,而只是在内侧凹面处是有限的,我们就更有理由相信天穹之外别无一物。任何一件单独的物体,无论它有多大,都包含在天穹之内,而天穹是静止不动的。要知道论证宇宙有限的主要论点是它的运动。那么让我们把宇宙是有限还是无限的问题,留给自然哲学家们去讨论。

地球局限在两极之间,以一个球面为界,我们认为这是确凿无疑的。那么为什么我们还迟迟不肯承认地球具有在本性上与它的形状相适应的运动,而宁愿把一种运动赋予整个宇宙(它的限度是未知的,也是不可能有的)呢? 为什么我们不承认看起来是天穹的周日旋转,实际上是地球运动的反映呢? 这种情况正如维尔吉耳(Vergil)在史诗《艾尼斯》(*Aeneas*)中所说的:

　　我们离开港口向前远航,陆地和城市悄悄退向后方。

当船舶静静地行驶,船员们从外界每件事物都可看到船的运动的反映。而在另一方面,他们可以设想自己和船上一切东西都静止不动。与此相同,地球的运动无疑地会产生整个宇宙在旋转这样一种印象。

　　那么,该怎样说明云和空中其他悬浮物,以及下落和上升的物体呢? 我们只需要认为,不仅土和水跟着地球一道在动,而且不小的一部分空气也连接在一起运动。这个原因也许是靠近地面的空气,与含土或水的物质混杂在一起,也遵循和地球一样的自然法则;也可能是由于这部分空气靠近地球而无阻力,于是从不断旋转的地球获得了运动。在另一方面,同样令人惊奇的是,空气顶层伴随着天体的运动。这可以由那些突然出现的天体(我指的是希腊人称之为"彗星"和"长胡须"的星)表现出来。和其他天体一样,它们也有出没。可以认为,它们是在那个区域产生的。我们能够确信,那部分空气离地球太远,因此不受地球运动的影响。最靠近地球的空气似乎是静止的。悬浮在其中的物体也会是这样,除非有风或其他某种扰动使它们来回摇晃——实际情况正是这样。空气中的风难道不像海洋的波浪吗?

我们必须承认,升降物体在宇宙体系中的运动都具有两重性,即在每一种情况下都是直线运动与圆周运动的结合。由于自身重量而下沉的物体(主要是土质的),无疑会保持它们所属整体的相同性质。对于那些具有火性,被迫上升的物体,也可作类似的解释。地上的火主要来源于土性物质,火焰不是别的,而是炽热的烟。火的一个性质是迅猛地膨胀。膨胀的力量非常大,以致无论用什么方法和工具都不能制止它喷发到底。但是膨胀运动的方向是从中心到四周。因此,如果地球的任何一部分着火了,它就会从地心往上升。

因此,一个简单物体的运动必然是简单运动(特别是圆周运动),这个说法是对的,但只有在这一物体完整地保持其天然位置时才是如此。当它是在天然位置上,它只能做圆周运动,因为圆周运动完全保持自己原来位置,与静止相似。然而直线运动会使物体离开其天然位置,或者以各种方式从这个位置上挪开。物体离开原位是同宇宙井然有序的布局和完整的图像格格不入的。因此,只有那些不处于正常状态并与其本性并非完全相符的物体才会作直线运动,这时它们和整体隔开并摒弃了统一性。

进一步说,上下起伏的物体,即使没有圆周运动,也不作简单的、恒定的和均匀的运动。它们不受轻重的支配。任何落体都是开始时慢,而在下坠时加快。与此相反,地上的火(这是唯一看得见的)在上升到高处时,突然减慢了,这就显示出原因是对地上物质的作用。圆周运动总是均匀地运转,这是因为它有一个永不衰减的动力。而直线运动的动力很快就停止作用。直线运动一旦使物体到达其应有位置后,物体不再有轻重,它们的运动就停止了。因为圆周运动属于整体,而各部分还另有直线运动,我们可以这样说,圆周运动可以和直线运动并存,犹如"活着"与"生病"并存一样。亚里士多德把简单运动分为离中心、向中心和绕中心三类,这只能看成是一种逻辑的演习。这正如我们区分点、线和面,虽然它们都不能单独存在,也不能脱离实体而存在。

作为一种品质来说,可以认为静止比变化或不稳定更高贵、更神圣,因此把变化和不稳定归之于地球比归之于宇宙更适当。此外,让运动归属于包容全部空间的框架,而不是归属于被包容的只占局部空间的更为适宜的地球,这会是非常荒唐的。最后,行星离地球显然是时近时远。因此,单独一个天体绕中心(可以认为这就是地心)的运动,既可以是离开中心的也可以是向着中心的运动。这样一来,对绕心运动应当有更普遍的理解,充分条件是任何这种运动都必须环绕自己的中心。你从这一切论证都可以了解到,地球在运动比它静止不动的可能性更大。对周日旋转来说,情况尤为如此。周日旋转对地球更为适宜。按我的看法,这已足够说明问题的第一部分了。

能否赋予地球几种运动？宇宙的中心

按前面所述,否认地球运动是没有道理的。我认为我们现在还应当考虑,是否有几种运动都适合于地球,于是可以把地球看成一颗行星。行星目视的非均匀运动以及它们与地球距离的变化,都表明地球并不是一切运转的中心。上述现象不能用以地球为中心的同心圆周运动来解释。因为有许多中心,进一步提出这样的问题就是意料中的事了:宇宙的中心是否与地球的重心或别的某一点相合？我个人相信,重力不是别的,而是神圣的造物主在各个部分中所注入的一种自然意志,要使它们结合成统一的球体。我们可以假定,太阳、月亮和其他明亮的行星都有这种动力,而在其作用下它们都保持球形。可是它们以各种不同的方式在轨道上运转。如果地球也按别的方式运动,譬如说绕一个中心转动,那么它的附加运动必然也会在它外面的许多天体上反映出来。周年运转就属于这些运动。如果这从一种太阳运动转换为一种地球运动，而认为太阳静止不动，则黄道各宫和恒星都会以相同方式在早晨和晚上显现出东升西落。还有，行星的留、逆行以及重新顺行都可认为不是行星的运动，而是通过行星所表现出来的地球运动。

最后，我们认识到太阳位于宇宙的中心。正如人们所说，只要"睁开双眼"，正视事实，行星依次运行的规律以及整个宇宙的和谐，都使我们能够阐明这一切事实。

天球的顺序

在一切看得见的物体中,恒星天球是最高的了。我想,这是谁也不会怀疑的。古代哲学家想按运转周期来排出行星的次序。他们的原则是物体运动一样快,愈远的物体看起来动得愈慢,这是欧几里得的《光学》所证明的。他们认为,月亮转一圈的时间最短,这是因为它离地球最近,转的圆圈最小。反之,最高的行星是土星。它绕的圈子最大,所需时间也最长。在它下面是木星,然后是火星。

至于金星和水星,看法就有分歧了。这两颗行星并不像其他行星那样,每次都通过太阳的大距。[①] 因此,有些权威人士[例如柏拉图在《蒂迈欧篇》(Timaeus)中]把

———————

① 水星和金星是内行星,它们在轨道上每运转一周都有一次大距。此处原文的意思应为冲,即行星与太阳的经度差为180°。

金星和水星排在太阳之上，而另一些人（例如托勒密和许多现代人）却把它们排在太阳下面。阿耳比特拉几（Al-Bitruji）则把金星摆在太阳上面，水星在太阳下面。

柏拉图的门徒们认为，行星本身都是暗的，它们能发光是由于接受太阳光。因此，如果它们是在太阳下面，它们就不会有大距，而是看起来呈半圆形或无论如何不是整圆形。它们所接受的光大部分都会向上，即朝太阳反射，就像我们在新月或残月看见的那样。此外，他们还论断说，有时行星在太阳前面经过会掩食太阳，遮掉的光与行星的大小成正比。但这种现象从来没有观测到，因此柏拉图的门徒认为，这些行星决不会走到太阳的下面。

在另一方面，那些把金星与水星放在太阳下面的人，把日月之间的广漠空间作为依据。月亮离地球的最远距离为地球半径的 $64\frac{1}{6}$ 倍。他们指出，这大约是日地之间最近距离（即 1160 个地球半径）的 $\frac{1}{18}$。因此日月之间相距 1096（$\simeq$ 1160—$64\frac{1}{6}$）个地球半径。为了不致使如此辽阔的太空完全空虚,他们宣称同样的数目几乎刚好填满拱点距离(他们用拱点距离计算各个天球的厚度)。具体说来,月亮的远地点外面紧接着水星的近地点;在水星远地点之外是金星近地点;最后,金星远地点几乎接近太阳的近地点。他们算出水星拱点间的距离约为 $177\frac{1}{2}$ 个地球半径。于是剩下的空间差不多刚好可用金星的拱点差(910 个地球半径)来填满。

因此,他们不承认这些天体像月亮那样是不透明的物体。与之相反,它们要不是用自己的,就是用吸收穿透它们的太阳光来发亮。此外,由于纬度经常变化,它们很少遮住我们看太阳的视线,因此它们不会掩食太阳。还应谈到,与太阳相比它们都很微小。虽然金星比水星大,也不足以掩住太阳的百分之一。因此,拉加(Raqqa)的阿耳·巴塔尼(Al-Battani)认为,太阳的直径为金星的 10 倍,要在非常明亮的日光中察觉出一个小斑点并非易事。伊本·拉希德(Ibn Rushd)在他的《托勒密〈至大论〉注释》(*Paraphrase of Ptolemy's Syntaxis*)一书中谈到,在表中所列太阳与水星相合的时刻,他看到一颗黑斑。因此可以断定这两个行星是在太阳天球的下面运动。

但是这种论证也是脆弱的和不可靠的。这从下列事实可以清楚地了解到。托勒密认为，月球近地点的距离为地球半径的 38 倍，可是更精确的测量结果为大于 49 倍（下面将要说明）。可是，如我们所知，这样广阔的空间除空气外一无所有。如果你愿意这样说，还含有所谓的"火的元素"。此外，使金星可以在太阳两侧偏离达 45°的本轮的直径，应当是地心与金星近地点距离的 6 倍——这将在适当的地方[Ⅴ,21]说明。如果金星绕一个静止的地球旋转，那么在金星庞大的本轮所占据的，比包含地球、空气、以太、月亮和水星还大得多的整个空间里，他们会说还含有什么东西呢？

托勒密[《至大论》,Ⅸ,1]论证说，太阳应在呈现出冲的行星和没有冲的行星之间运行。这个论点没有说服力，因为月亮也有对太阳的冲，这个事实就暴露出上述说法的谬误。

现在还有人把金星安排在太阳下面，再下是水星。或者用别的什么次序把这些行星分开。他们还会提出什么理由来解释,为什么金星和水星不像其他行星那样遵循同太阳分离的轨道呢?虽然不打乱[行星]按其[相对]快慢排列的顺序,还是有这样的问题。以下两个情况中总会有一个是真实的。或者按行星和天球的序列,地球并非中心;或者本来既没有顺序规则,也没有任何明显的理由来说明,为什么最高位置属于土星而不是木星或任何别的行星。

　　照我看来,我们必须认真考虑马丁纳斯·卡佩拉(Martianus Capella)(一部百科全书的作者)和某些其他拉丁学者所熟悉的观点。他们认为,金星和水星绕太阳为中心旋转。这就可以说明为什么这些行星偏离太阳不能超过它们的轨道所容许的程度。它们和其他行星一样,并不绕地球旋转,但是它们"有方向相反的圆周轨道"。这些学者认为,它们的天球中心靠近太阳,这是什么意思呢?水星天球肯定是包在金星天球里面。后者公认为比前者大1倍多,而在这个广阔区域内水星天球会占据其应有的空间。如果有人由此出发把土星、木星和火星也同这个中心联系起来,他还认为这些行星的天球大到可以把金星、水星以及地球都包藏在内并绕之旋转。他的这些看法并非错谬,因为行星运动的有规律的图像可以证明。

众所周知,这些外行星在黄昏升起时离地球最近。这时它们与太阳相冲,即地球位于行星与太阳之间。与此相反,行星在黄昏下落时离地球最远,这时行星看起来在太阳附近(即太阳位于行星与地球之间),因此看不见。这些事实足以说明。它们的中心不是地球而是太阳,这与金星和水星绕之旋转的中心相合。

因为所有这些行星的轨道有同一个中心,在金星的凸天球与火星的凹天球之间的空间①也是一个球或球壳,它的两个表面也与这些球是同心的。这个插入的球容纳了地球及其卫星月球和月亮天球所包含的东西。这对月亮是一个完全合适的和充分的空间。我们无论如何不能把月亮和地球分开;因为月亮无可争辩地是离地球最近的天体。

因此,我敢断言,这个以月亮和地球中心为界的整个区域,在其他行星之间每年一周绕太阳走出一个很大

———————
① 指在金星轨道之外和火星轨道之内的空间。

的圆圈。宇宙的中心靠近太阳。进一步说,因为太阳是静止的,宁可认为太阳的任何视运动都真是由地球的运动引起的。与其他任何行星天球相比起来,日地距离的数量是适中的。但是宇宙大极了,以致日地距离相对于恒星天球来说是微不足道的。我相信,这种看法比起把地球放在宇宙中心,因而必须设想有几乎无穷多层天球,以致使人头脑紊乱的看法要好得多。我们应当领会造物主的智慧。造物主特别注意避免造出任何多余无用的东西,因此它往往赋予一个事物以多种功能。

所有这些论述当然都与许多人的信念相反,因而是难于理解并几乎是不可思议的。然而在上帝的帮助下,我将使它们对于不熟悉天文科学的人们来说,变得比阳光还要明亮。如果仍然承认第一个原则(没有人能够提出更适宜的原则),即天球的大小可由时间的长短求出,于是从最高的一个天球开始,天球的次序可排列如下。

恒星天球名列第一,也是最高的天球。除自身外它还包罗一切,因此是静止不动的。它无疑是宇宙的场所,一切其他天体的运动和位置都以它为基准。有人认为,它也有某种移动。在本书讨论地球的运动时,将对

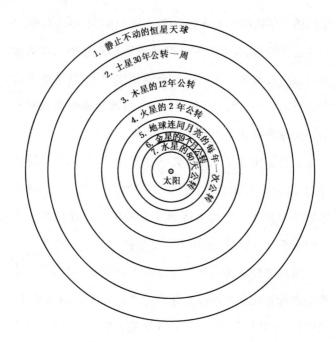

1. 静止不动的恒星天球
2. 土星30年公转一周
3. 木星的12年公转
4. 火星的2年公转
5. 地球连同月亮的每年一次
6. 金星的9个月公转
7. 水星的80天公转

太阳

图 1-2

此提出一种不同的解释[Ⅰ,11]①。

在恒星天球下面接着是第一颗行星——土星——的天球。土星每30年完成它的一次环行。在土星之后

---

① 指原书第一卷第 11 章,下同。——编辑注

是木星,12 年公转一周。然后是火星,2 年公转一次。这个系列的第五位包括地球和作为本轮的月球天球(我在Ⅰ、10①的前面部分已谈过了),每年作一次公转。在第六个位置,金星每隔 9 个月回归原处。最后,第七个位置为水星所占据,它的公转周期为 80 天。

静居在宇宙中心处的是太阳。在这个最美丽的殿堂里,它能同时照耀一切。难道还有谁能把这盏明灯放到另一个、更好的位置上吗?有人把太阳称为宇宙之灯和宇宙之心灵,还有人称之为宇宙的主宰,这些都并非不适当的。至尊神赫尔墨斯(Hermes)②把太阳称为看得见的神,索福克勒斯(Sophocles)③笔下的厄勒克特拉(Electra)则称之为洞察万物者。于是,太阳似乎是坐在王位上管辖着绕它运转的行星家族。地球还有一个随从,即月亮。反之,正如亚里士多德在一部关于动物的著作中所说的,月亮同地球有最亲密的血缘关系。与此同时,地球与太阳交媾,地球受孕,每年分娩

---

① 指第一卷第 10 章,下同。——编辑注
② 在希腊神话中为众神传信并掌管商业、道路等的神。
③ 古希腊悲剧诗人。

一次。

因此,我们从这种排列中发现宇宙具有令人惊异的对称性,以及天球的运动和大小已经确定的和谐联系,而这是用其他方法办不到的。这会使一位细心的学生察觉,为什么木星顺行和逆行的弧看起来比土星的长,而比火星的短;在另一方面,金星的却比水星的长。这种方向转换对土星来说比木星显得频繁一些,而对火星与金星却比水星罕见。还有,如果土星、木星和火星是在日落时升起,这比它们是在黄昏时西沉或在晚些时候出现,离地球都近一些。但火星显得特殊,当整个晚上照耀长空时,它的亮度似乎可以与木星相匹敌,只能从它的红色分辨出来。在其他情况下,它在繁星中看起来不过是一颗二等星,只有辛勤跟踪的观测者才能认出它来。所有这些现象都是由同一个原因,即地球的运动造成的。

可是恒星没有这些现象。这证实了它们非常遥远,以致周年运动的天球及其反映都在我们的眼前消失了。光学已经表明,每一个可以看见的物体都有一定的距离范围,超出这个范围它就看不见了。从土星

（这是最远的行星）到恒星天球，中间有无比浩大的空间。星光的闪烁说明了这一点。这个特征也是恒星与行星的区别。运动的物体与不动的物体之间应当有极大的差异。最卓越的造物主的神圣作品无疑是非常伟大的。

地球三重运动的证据

行星的许多重要现象都证明地球在运动。现在我就要用地球运动所能解释的现象,对这种运动做出总结。总的说来,应当承认这是一种三重运动。

第一重运动被希腊人称为 νυχθημερινδν。我已经读到过[Ⅰ,4]①,这是引起昼夜变化的自转。它使地球自西向东绕轴转动,于是看来宇宙沿相反方向转动。这种运动描出赤道。有些人仿效希腊人的称呼把赤道叫作"均日圈",而希腊人用的名称是 ισημερινος。

第二是地心的周年运动。地心绕太阳在黄道上运行。这种运动的方向也是由西向东,即是遵循黄道十二宫的次序。地球在金星与火星之间运行。我已经提到

---

① 指原书第一卷第 4 章,下同。——编辑注

过[Ⅰ,10]①,地球是与它的伙伴一起运动。由于这种运动,太阳似乎在赤道上作相似的运动。于是,例如当地心通过摩羯宫时,太阳看起来正在穿越巨蟹宫;地球在宝瓶宫时,太阳似乎是在狮子宫,等等。这些我已经谈过了。

我们应当了解,穿过黄道各宫中心的圆、它的平面、赤道以及地轴都有可以变化的倾角。因为如果它们的倾角都是固定的,并且只受地心运动的影响,那么就不会有昼夜长度不等的现象了。与此相反,在某些地方就总是有最长或最短的白昼,或者昼夜一样长,抑或永远是夏天或冬天,或者随时都是某一种固定不变的季节。

因此需要有第三种运动,即倾角的运动。这也是一种周年旋转,但它循与黄道十二宫相反的次序,即在与地心运动相反的方向上运行。这两种运动的方向相反,周期几乎相等。结果是地球的自转轴和赤道(赤道是地球上最大的纬度圈)几乎都指向天球的同一部分,它们似乎是固定不动的。与此同时,太阳看起来是沿黄道在

---

① 指原书第一卷第 10 章,下同。——编辑注

倾斜的方向上运动。这似乎是绕地心(它俨然是宇宙中心)的运动。这时必须记住,相对于恒星天球来说,日地距离可以忽略不计。

因为这些事情最好用图形而不是语言来说明,让我们画一个圆 $ABCD$(如图 1-3)来代表地心在黄道面上周年运转的轨迹。令圆心附近的 E 点为太阳。我画直径 AEC 和 BED 把这个圆周分为 4 部分。令 A 表示巨蟹宫的第一点。B、C 和 D 各为天秤宫、摩羯宫和白羊宫的第一点。现在让我们假设地心原来在 A。我在 A 点附近画出地球赤道 $FGHI$。它和黄道不在同一平面上。直径 GAI 是赤道面与黄道面的交线。画出与 GAI 垂直的直径 FAH,F 是赤道上最偏南的一点,H 为最偏北的一点。在上述情况下,地球上的居民将会看见在圆心 E 附近的太阳在冬至时位于摩羯宫。这是因为赤道上最偏北的 H 点朝向太阳。由于赤道与直线 AE 有一个倾角,周日自转描出与赤道平行而间距为倾斜度 EAH 的南回归线。

现在令地心循黄道宫的方向运行,并令最大倾斜点 F 在相反方向上转动同样角度,两者都转过一个象限到

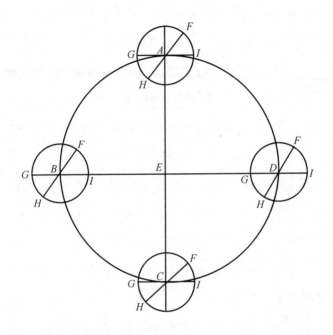

图　1-3

达 B 点。在这段时间内,由于它们旋转量相等,EAI 角始终等于 AEB 角。直径 FAH 和 FBH,GAI 和 GBI,以及赤道和赤道,始终保持平行。在无比庞大的天穹中,由于已经多次提到过的理由,同样的现象会出现。

因此从天秤宫的第一点 B 看来，E 似乎是在白羊宫。黄赤交线与直线 $GBIE$ 重合。在周日自转中，轴线的垂直平面不会偏离这条线。与此相反，自转轴整个倾斜在侧平面上。因此太阳看起来在春分点。让地心在假定的条件下继续运动，当它走过半圈到达 C 点时，太阳将进入巨蟹宫。赤道上最大南倾点 F 将朝向太阳。太阳看起来是在北回归线上运动，与赤道的角距为倾角 ECF。当 F 转到圆周的第三象限时，交线 GI 再次与 ED 线重合。从这里看来，太阳是在天秤座的秋分点上。由同样过程继续下去，H 逐渐转向太阳，于是又出现与我在开头时谈到的相同的情况。

也可用另一种方式来解释。令 AEC 为我们所讨论的平面(黄道面)上的一条直径，也就是黄道面同与之垂直的平面的交线。在 AEC 线上，绕 A 点和 C 点(相当于巨蟹宫和摩羯宫)各画一个通过两极的地球经圈。令这个经圈为 $DGFI$，地球自转轴为 DF，北极在 D，南极在 F，而 GI 为赤道的直径。当 F 转向靠近 E 点的太阳时，赤道向北的倾角为 IAE，于是周日旋转使太阳看起来沿南回归线运动。南回归线与赤道平行，位于赤道南面,它们之间的距离为 LI,直径为 KL。或者更确切地说,从 AE 方向看来,周日自转产生一个以地心为顶,以平行于赤道的圆周为底的锥面。在相对立的 C 点,一切与此相似,但方向相反。谈到这里就很清楚了,两种运动(我指的是地心的运动和倾斜面的运动)怎样结合起来,使地轴保持固定方向和几乎一样的位置,并使这一切现象看起来似乎是太阳的运动。

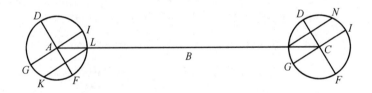

图 1-4

但是我说过,地心和倾斜面的周年运转几乎相等。如果它们刚好相等,两分点和两至点以及黄道倾角,相对于恒星天球都不会有变化。可是有微小的偏差,不过要经过长时间,当它变大时才能发现。从托勒密时代到现在,两分点岁差总计接近 $21°$。因此,有些人相信恒星天球也在运动,因而设想了一个超越一切之上的第九重天球。这已经证实是不当的,近代学者添上了第十重天球。然而,他们一点也不能达到我希望用地球运动所能达到的目的。我将把这一点作为证明其他运动的一个原理和假设。

[哥白尼原拟在此处加入两页稍多的手稿,但后来从原稿中删去了。这部分删掉的材料在《天体运行论》前 4 版(1543、1566、1617、1854)中没有印出,但在哥白尼原稿恢复后出版的版本(1873、1949、1972)中都包含在内。这一部分内容如下。]

我承认,太阳和月亮的运动也可以用一个静止的地球来说明。然而,这对其他的行星是不适宜的。费洛劳斯由于这些和类似的缘故相信地球在运动。这是有道理的,因为萨摩斯(Samos)的阿里斯塔克(Aristarchus)也持相同的观点。他和别的一些人没有被亚里士多德所提出的论据[《天穹篇》,Ⅱ,13—14]所说服。但是只有用敏锐的思考和坚持不懈的研究才能理解这些课题。因此当时

大多数哲学家对它们都不熟悉。柏拉图并不讳言
那时只有少数人精通天体运动理论这一事实。即
使费洛劳斯或毕达哥拉斯的任何信徒掌握这些知
识,大概也不会把它们传给后代。因为毕达哥拉斯
学派的惯例是不把哲学奥秘诉诸文字或向公众泄
露,而是只传授给忠实的朋友和亲属,并由他们一
代一代传下来。莱西斯给喜帕恰斯的一封至今尚
存的信件,就是这种习惯做法的一个证据。考虑到
这封信有出色的见解并对哲学有重大的意义,我决
定把它插入这里并用它作为第一卷的结尾。下面
就是我从希腊文译出的这封信件。

莱西斯向喜帕恰斯致意问候

　　我决不会相信,在毕达哥拉斯逝世后他的信徒
们的兄弟情谊会消失。但既然我们已经出人意料
地彼此离散,似乎我们的船舶已经遭难沉没,追忆
他的神圣的遗教并不让那些还没有想到过灵魂涤
罪的人们获得哲学的宝藏,这仍然是一件虔诚的行

为。把我们花费巨大劳力才取得的成果泄露给公众,这样做是卑劣的。正如伊柳西斯(Eleusis)女神的秘密不能暴露给未入教门的人。犯有任何这些罪行的人都应受到谴责,他们都是同样地邪恶和不虔诚。在另一方面值得想想,经过 5 年的学程,承蒙他的教诲,我们花费了多少时间来擦拭我们心灵上所沾染的污垢。染匠们在清洗纺织品后,除染料外还使用一种媒染剂,其目的是使色泽持久保存,防止轻易褪色。那一位神圣的伟人用同样的方式来培养哲学爱好者,以免使他为他们中间任何人的才能所抱的希望落空。他不会把箴言当作商品出售。他不会像许多诡辩家那样设置圈套,来迷惑青年的思想,因为这毫无价值。与此相反,他传授的是神灵的和人性的教义。

然而有些人漫无边际地和大肆渲染地模仿他的传授方法。他们对年轻人的教导采用一种紊乱的、不正当的方式,这使他们的学生不得要领并变得轻浮鲁莽。这是因为他们把杂乱而腐朽的伦理与哲学的崇高箴言混为一谈。其结果犹如把干净新鲜的水倒进充满污垢的深井,污垢搅翻起来,清水也浪费掉了。这就是那些用这种方式传授和被传授的人所遇到的情况。厚而黑的木头堵塞了那些没有受到良好启蒙教育的人们的头脑和心灵,并完全损害了他们优美的精神和理智。这些木头上有各式各样的缺陷,它们繁殖起来会妨碍思想,并阻止它往任何方向发展。

我认为这种阻力的主要根源是纵欲和贪婪,而这两者都极为猖獗。纵欲引起乱伦、酗酒、强奸、淫乐和某些暴力冲动,这些可以酿成死亡和毁灭。事实上,有些人受情欲刺激到达顶峰时,竟可全然不顾自己的母亲和女儿,甚至可以触犯刑律,背叛国家、政府和领袖。玩火自焚,他们终于束手就擒,承受极刑。在另一方面,贪婪产生斗殴、凶杀、抢劫、吸毒以及其他种种恶果。因此我们应当竭尽全力,用火和剑来根除这些木头上的罪恶之穴。我们一旦发现解脱这些人欲的自然因素,就可以用它来培育最美好、最丰硕的成果。

喜帕恰斯,你也满怀热情地学习过这些准则。

可是,我的好心人,你在领略了西西里的豪华生活之后就不再理睬它们了,而由于这种生活你本来什么也不应当抛弃。许多人甚至说,你在公开讲授哲学,这种做法是毕达哥拉斯禁止采用的,他把笔记本遗留给自己的女儿达摩(Damo),嘱咐她不能让家庭成员以外的任何人翻阅。虽然她可以用高价出售这些笔记本,但她拒绝这样做。她认为清贫和父亲的命令比黄金更可贵。他们还说,当达摩临终时,她把同样的职责交付给自己的女儿比塔丽(Bitale)。然而我们这些男子汉却没有按自己导师的意愿办事,并背弃了自己的誓言。如果你改正自己的做法,我会钟爱你。但要是你不这样做,那么在我看来你已经死去了。

〔哥白尼不怀疑上面这封信的真实性,他本来打算用这封信作为第一卷的结尾。按照这个方案,在这封附有说明材料的信件后面,第二卷随即开始。这份材料后来被删掉了。《天体运行论》前面4版都没有印出这份材料,但在哥白尼原稿复原后发行的各个版本把这一部分包括在内。这个说明材料见下。]

对于我已经着手进行的工作,那些必不可少的自然哲学命题已有简略描述。这些可用来作为原则和假设的命题是:宇宙是球形的、浩瀚的,与无限相似,而包罗一切的恒星天球是静止的,其他一切天体都在做圆周运动。我还假设地球在做某些旋转运动。我力求以此为基础来创立整个关于星星的科学。

[《天体运行论》前 4 版把原稿在此处被删掉材料的余下部分,印作下列的Ⅰ,12① 的开头。]

在这几乎一整部著作中,我要作的论证采用平面和球面三角形的直线与圆弧。虽然关于这些课题的许多知识在欧几里得的《几何原本》中都可查到,但是那本著作却不包括对本书主要问题(即如何由角求边和由边求

---

① 指原书第一卷第 12 章,下同。——编辑注

角)的答案。

[第一版用"圆周的弦长"作为Ⅰ,12的标题。《天体运行论》后面的3个版本重复了这一标题,但它在原稿中没有直接的依据。

在另一方面,在手稿中原拟作为第二卷第1章的起始部分还有以下一段。]

弦的长度不能由角来量,而角的大小也不能由弦来量。应当用弧来量。因此,我们发现一种方法,可以求出任意弧所对应的弦长。利用这些线条,可以求得对应于一个角度的弧长;而相反的,用弧长能够得到角度所截出的直线长度。因此,在下卷中讨论这些线条以及平面和球面三角形中的边与角(托勒密在个别例子中曾加以研究),这对我来说是适宜的。我在这里要彻底弄清楚这些课题,这样才能阐明我在后面要讨论的问题。

圆周的弦长

【按哥白尼原定写作方案,为第二卷第 1 章】

按数学家的一般做法,我把圆分为 360°。但是古人将直径划为 120 等分(例如,托勒密《至大论》,I,10)。后人希望避免弦长(大部分是无理数,甚至在平方时也如此)在乘除中出现分数的麻烦。有人采用 1200000 等分;另一些人取 2000000;而在印度数码通行后,还有人创立其他适用的直径体系。用这样的体系作快速运算,肯定超过希腊或拉丁体系。由于这个缘故,我也采用直径的 200000 划分法,这已足够排除任何大的误差,当数量之比不是整数比时,我们只好取近似值。我在下面严格仿照托勒密的办法,用六条定理和一个问题来说明这一课题。

定理一

给定圆的直径,则内接三角形、正方形、五角形、六角形和十角形的边长均可求得。

半径(直径的一半)等于六角形的边长。欧几里得《几何原本》证明,三角形边长的平方为六角形边长平方的 3 倍,而正方形边长的平方为它的两倍。因此,取六角形边长为 100000 单位,则正方形边长为 141422 单位,三角形边长为 173205 单位。

令六角形边长为 AB。按欧几里得著作第二卷第十题(或Ⅵ,10),它在 C 点被分为呈平均和极端比值的两段。[1] 令较长的一段为 CB,把它再延伸一个相等长度 BD。于是整条线 ABD 也被分成平均和极端比值。延伸部分 BD 是较短的一段,它是内接于圆内十角形的一边,而 AB 是六角形的一边。这从欧氏著作,ⅩⅢ,5 和 9 可以了解到。

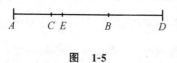

图 1-5

---

① 即黄金分割。

BD 可按下列方法求出。等分 AB 于 E 点。从欧氏著作, ⅩⅢ,3 可知, EBD 平方为 EB 平方的 5 倍。已知 EB 和长度为 50000 单位。由它的平方的 5 倍可得 EBD 的长度为 111803。如果把 EB 的 50000 减掉,剩下 BD 和 61803 单位,这就是我们所求的十角形的边长。

进而言之,五角形边长的平方等于六角形边长与十角形边长平方之和。由此可得五角形边长为 117557 单位。

因此,当圆的直径已知时,内接三角形、正方形、五角形、六角形和十角形的边长均可求得。

证讫。

推论

因此,任意圆弧的弦已知时,半圆的剩余部分所对的弦长也可求得。

内接于一个半圆的角为直角。在直角三角形中,对应于直角的边(即直径)的平方等于形成直角的两边的平方之和。十角形一边所对的弧为 $36°$。定理一已证明它的长度为 61803 单位,而直径为 200000 单位。因此可得半圆剩下的 $144°$ 所对的弦长为 190211 单位。五角形一边的长度为 117557 单位,它所对的弧为 $72°$,半圆其余 108 度所对弦长可求得为 161803 单位。

定理二（定理三的预备定理）

在圆内接四边形中，以对角线为边所作矩形等于两组对边所作矩形之和。

令圆内接四边形为 $ABCD$，我说的是对角线的乘积 $AC \times DB$ 等于 $AB \times DC$ 和 $AD \times BC$ 两个乘积之和。取 ABE 角等于 CBD 角。于是整个 ABD 角等于整个 EBC 角，而 EBD 角为两者所共含。此外，ACB 和 BDA 两角相等，因为它们截取圆周的同一段弧。因此，

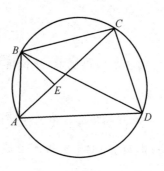

图 1-6

两个相似三角形（BCE 和 BDA）的相应边长成比例，$BC : BD = EC : AD$，于是乘积 $EC \times BD$ 等于乘积

$AD \times BC$。因为 ABE 和 CBD 两角是作成相等的，而 BAC 与 BDC 两角由于截取同一圆弧而相等，所以 ABE 和 CBD 两个三角形也相似。于是，和前面一样，$AB：BD = AE：CD$，乘积 $AB \times CD$ 等于乘积 $AE \times BD$。但是已经证明乘积 $AD \times BC$ 等于乘积 $EC \times BD$。相加便得乘积 $BD \times AC$ 等于两个乘积 $AD \times BC$ 与 $AB \times CD$ 之和。此即所需证明。

定理三

由上述可知，如果在一个半圆中两段不相等的弧所对弦长已知，则可求得两弧之差所对的弦长。

在直径为 AD 的半圆 $ABCD$ 中，令相对于不等弧长的弦为 AB 和 AC。我们需要求弦长 BC。从上述（定理一的推论），可求相对于半圆中弧的弦 BD 和 CD。于是在半圆中形成四边形 $ABCD$。它的对角线 AC 和 BD，以及三个边 AB、AD 和 CD 都已知。按定理二，在这个四边形中，乘积 $AC \times BD$ 等于两个乘积 $AB \times CD$ 和 $AD \times BC$ 之和。因此，从乘积 $AC \times BD$ 中减去 $AB \times CD$，剩下的是乘积 $AD \times BC$。如果除以 AD（这是办得到的),便可得我们所求的弦长 BC。

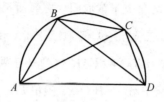

图 1-7

由上述,例如五角形和六角形的边长已知,于是它们之差 $12°(=72°-60°)$ 所对的弦长可用这个方法求得为 20905 单位。

定理四

已知任意弧所对的弦,可求其半弧所对的弦长。

令圆为 ABC,其直径为 AC。令 BC 为给定的带弦的弧。从圆心 E,作直线 EF 与 BC 相垂直。于是,按欧氏著作Ⅲ,3,EF 将 BC 等分于 F 点。延长 EF,它将弧等分于 D。画弦 AB 和 BD。ABC 和 EFC 为直角三角形。进而言之,因为有共同角 ECF,它们是相似三角形。因此,既然 CF 为 BFC 的一半,EF 为 AB

的一半。但与半圆所余弧长相对的弦 AB 可按定理一的推论求得。于是 EF 也可得出,而半径的剩余部分 DF 也求得了。作直径 DEG。画 BG 连线。在三角形 BDG 中,从直角顶点 B 向斜边作的垂直线为 BF。因此乘积 GD×DF 等于 BD 的平方。于是 BDG 弧的一半所对的弦 BD 的长度便求出了。因为对应于 12°的弦长已求得(定理三),对应于 6°的也可得出为 10467 单位;3°为 5235 单位;$(1\frac{1}{2})$° 为 2618 单位;和 $(\frac{3}{4})$° 为 1309 单位。

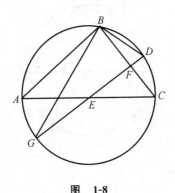

图 1-8

定理五

更进一步,已知两弧所对的弦,可求两弧之和所对的弦长。

令圆内已知的两段弦为 AB 和 BC。我要说明对应于整个 ABC 弧的弦长也可求得。画直径 AFD 和 BFE 以及直线 BD 和 CE。因为 AB 和 BC 已知,而 DE 等于 AB,由前面的定理一的推论可得这些弦长。连接 CD,完成四边形 $BCDE$。它的对角线 BD 和 CE 以及三个边 BC、DE 和 BE 都可求得。剩余的一边(CD)也可由定理二求出。因此与半圆余下部分所对的弦 CA 可以得到,这即是整个 ABC 弧所对的弦。这是我们所要求的结果。

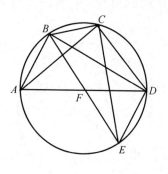

图　1-9

至此与 $3°$、$(1\frac{1}{2})°$ 和 $(\frac{3}{4})°$ 相对的弦长都已求得。取这样的间距,可以制精确的表。可是如果需要增加一度或半度,使两段弦相加,或作其他运算,求得的弦长是否正确值得怀疑。这是因为没有找到它们之间的图形关系。但是用另一种方法可以做到这一点，而不会有任何可以察觉的误差，只是需要使用一个非常精确的数字。托勒密（《至大论》，Ⅰ，10）也计算过 1°和（$\frac{1}{2}$）°的弦长。他首先指出下列问题。

定理六

大弧和小弧之比大于对应两弦长之比。

令 *AB* 和 *BC* 为圆内两段相邻的弧，而 *BC* 较大。我要说明 *BC*：*AB*[①] 的比值大于构成 *B* 角的弦的比值 *BC*：*AB*。令直线 *BD* 等分 *B* 角。连接 *AC* 线。令它与 *BD* 相交于 *E* 点。连接 *AD* 和 *CD* 线。这两条线相等，因为它们所对的弧相等。在三角形 *ABC* 中，角的等分线也与 *AC* 相交于 *E* 点。底边的两段之比 *EC*：*EA* 等于 *BC*：*AB* 的比值。*BC* 大于 *AB*，*EC* 也大于 *EA*。作 *DF* 垂直于 *AC*。*DF* 等分 *AC* 于 *F* 点，此点应在较长的一段（即 *EC*）内。在每个三角形中，大角对长边。

---

① 此外 *BC* 和 *AB* 均为弧长。

因此在三角形 DEF 中，DE 边长于 DF 边。AD 甚至长于 DE。因此以 D 为中心、DE 为半径画的圆弧，会与 AD 相交并超出 DF。令此弧与 AD 相交于 H，并令它与 DF 的延长线相交于 I。于是扇形 EDI 大于三角形 EDF。但三角形 DEA 大于扇形 DEH。因此三角形

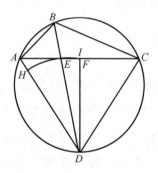

图　1-10

DEF 与三角形 DEA 之比，小于扇形 DEI 与扇形 DEH 之比。可是扇形与其弧或中心角成正比，而顶点相同的三角形与其底边成正比。因此角度之比 EDF：ADE，大于顶边之比 EF：AE。由相加可知，角度比 FDA：ADE，大于边长比 AF：AE，同样可得，CDA：ADE 大于 AC：AE。相减，CDE：EDA 也大于 CE：EA。然而 CDE 与 EDA 两角之比等于弧长之比 CB：AB。底边

$CE:AE$ 等于弦 $BC:AB$。因此,弧长之比 $CB:AB$
大于弦长之比 $BC:AB$。

证讫。

问题

因为相同两端点之间直线最短,弧总比其所对的弦
长。但随着弧长不断减少,这个不等式趋于等式,以致
直线和圆弧最终同时在圆上的最后切点消失。在这种
情况出现之前,它们的差必定小到难以察觉。

例如,令弧 AB 为 $3°$,弧 AC 为 $(1\frac{1}{2})°$。设直径长
200000 单位,按定理四可得 AB 所对的弦为 5235 单位,
而 AC 所对弦长为 2618 单位。AB 弧是 AC 弧的两倍,
可是 AB 弦不到 AC 弦的两倍,后者比 2617 只大一个单
位。如果取 AB 为 $(1\frac{1}{2})°$,AC 为 $(\frac{3}{4})°$,便得 AB 弦为
2618 单位,而 AC 为 1309 单位。虽然 AC 应当大于 AB
弦的一半,但与一半似乎一样大,两弧之比与两弦之比
现在趋于一致。因此可知,我们现在接近于直线的弧线
之差根本无法察觉的状况,这时它们似乎已化为同一条

线。因此我毫不犹豫地把 $(\frac{3}{4})°$ 与 1309 单位这一比值同样用于 1° 或某些分度所对的弦。于是,$(\frac{1}{4})°$ 与 $(\frac{3}{4})°$ 相加,可得 1° 所对弦为 1745 单位;$(\frac{1}{2})°$ 为 872$(\frac{1}{2})$ 单位;$(\frac{1}{3})°$ 为 582 单位。

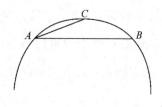

图 1-11

我相信在表中只列入倍弧所对的半弧就足够了。用这种简化方法,我把以前需要在半圆内展开的数值压缩到一个象限之内。这样做的主要理由是在证题和计算时,半弦比整弦用得更多。我列出每六分之一度有一个值的表。它有三栏。第一栏为度数(即圆周的分度)和六分之几度。第二栏为倍弧的半弦数值。第三栏列出这些数值每隔一度的差额。用这些差额可以一度内的分数内插出相应的正比量。下面就是圆周弦长表。

圆 周 弦 长 表

弧 (度)	弧 (分)	倍弧所对半弦	每隔1度的差额	弧 (度)	弧 (分)	倍弧所对半弦	每隔1度的差额	弧 (度)	弧 (分)	倍弧所对半弦	每隔1度的差额
0	10	291	291	7	0	12187		13	50	23910	282
0	20	582		7	10	12476		14	0	24192	
0	30	873		7	20	12764	288	14	10	24474	
0	40	1163		7	30	13053		14	20	24756	
0	50	1454		7	40	13341		14	30	25038	281
1	0	1745		7	50	13629		14	40	25319	
1	10	2036		8	0	13917		14	50	25601	
1	20	2327		8	10	14205		15	0	25882	
1	30	2617		8	20	14493		15	10	26163	
1	40	2908		8	30	14781		15	20	26443	280
1	50	3199		8	40	15069		15	30	26724	
2	0	3490		8	50	15356	287	15	40	27004	
2	10	3781		9	0	15643		15	50	27284	
2	20	4071		9	10	15931		16	0	27564	279
2	30	4362		9	20	16218		16	10	27843	
2	40	4653		9	30	16505		16	20	28122	
2	50	4943	290	9	40	16792		16	30	28401	
3	0	5234		9	50	17078		16	40	28680	
3	10	5524		10	0	17365		16	50	28959	278
3	20	5814		10	10	17651	286	17	0	29237	
3	30	6105		10	20	17937		17	10	29515	
3	40	6395		10	30	18223		17	20	29793	
3	50	6685		10	40	18509		17	30	30071	277
4	0	6975		10	50	18795		17	40	30348	
4	10	7265		11	0	19081		17	50	30625	
4	20	7555		11	10	19366	285	18	0	30902	
4	30	7845		11	20	19652		18	10	31178	276
4	40	8135		11	30	19937		18	20	31454	
4	50	8425		11	40	20222		18	30	31730	
5	0	8715		11	50	20507		18	40	32006	
5	10	9005		12	0	20791		18	50	32282	275
5	20	9295		12	10	21076	284	19	0	32557	
5	30	9585		12	20	21360		19	10	32832	
5	40	9874		12	30	21644		19	20	33106	
5	50	10164	289	12	40	21928		19	30	33381	274
6	0	10453		12	50	22212		19	40	33655	
6	10	10742		13	0	22495	283	19	50	33929	
6	20	11031		13	10	22778		20	0	34202	
6	30	11320		13	20	23062		20	10	34475	273
6	40	11609		13	30	23344		20	20	34748	
6	50	11898		13	40	23627		20	30	35021	

圆 周 弦 长 表

弧 度	弧 分	倍弧所对半弦	每隔1度的差额	弧 度	弧 分	倍弧所对半弦	每隔1度的差额	弧 度	弧 分	倍弧所对半弦	每隔1度的差额
20	40	35293	272	27	30	46175		34	20	56400	
20	50	35565		27	40	46433	257	34	30	56641	239
21	0	35837		27	50	46690		34	40	56880	
21	10	36108	271	28	0	46947		34	50	57119	238
21	20	36379		28	10	47204	256	35	0	57358	
21	30	36650		28	20	47460		35	10	57596	237
21	40	36920	270	28	30	47716	255	35	20	57833	
21	50	37190		28	40	47971		35	30	58070	236
22	0	37460		28	50	48226		35	40	58307	
22	10	37730	269	29	0	48481	254	35	50	58543	235
22	20	37999		29	10	48735		36	0	58779	
22	30	38268		29	20	48989	253	36	10	59014	234
22	40	38537	268	29	30	49242		36	20	59248	
22	50	38805		29	40	49495	252	36	30	59482	233
23	0	39073		29	50	49748		36	40	59716	
23	10	39341	267	30	0	50000		36	50	59949	232
23	20	39608		30	10	50252	251	37	0	60181	
23	30	39875		30	20	50503		37	10	60413	231
23	40	40141	266	30	30	50754	250	37	20	60645	
23	50	40408		30	40	51004		37	30	60876	230
24	0	40674		30	50	51254		37	40	61107	
24	10	40939	265	31	0	51504	249	37	50	61337	229
24	20	41204		31	10	51753		38	0	61566	
24	30	41469		31	20	52002	248	38	10	61795	228
24	40	41734	264	31	30	52250		38	20	62024	
24	50	41998		31	40	52498	247	38	30	62251	227
25	0	42262		31	50	52745		38	40	62479	
25	10	42525	263	32	0	52992	246	38	50	62706	226
25	20	42788		32	10	53238		39	0	62932	
25	30	43051		32	20	53484	245	39	10	63158	225
25	40	43313	262	32	30	53730		39	20	63383	
25	50	43575		32	40	53975		39	30	63608	224
26	0	43837		32	50	54220	244	39	40	63832	
26	10	44098	261	33	0	54464		39	50	64056	223
26	20	44359		33	10	54708	243	40	0	64279	222
26	30	44620	260	33	20	54951		40	10	64501	
26	40	44880		33	30	55194	242	40	20	64723	221
26	50	45140		33	40	55436		40	30	64945	220
27	0	45399	259	33	50	55678	241	40	40	65166	
27	10	45658		34	0	55919		40	50	65386	219
27	20	45916	258	34	10	56160	240	41	0	65606	

圆 周 弦 长 表

弧		倍弧所对半弦	每隔1度的差额	弧		倍弧所对半弦	每隔1度的差额	弧		倍弧所对半弦	每隔1度的差额
度	分			度	分			度	分		
41	10	65825		48	0	74314	194	54	50	81784	167
41	20	66044	218	48	10	74508	193	55	0	81915	166
41	30	66262		48	20	74702		55	10	82082	165
41	40	66480	217	48	30	74896		55	20	82248	164
41	50	66697		48	40	75088	192	55	30	82413	
42	0	66913	216	48	50	75280	191	55	40	82577	163
42	10	67129	215	49	0	75471	190	55	50	82741	162
42	20	67344		49	10	75661		56	0	82904	
42	30	67559	214	49	20	75851	189	56	10	83066	161
42	40	67773		49	30	76040		56	20	83228	160
42	50	67987	213	49	40	76229	188	56	30	83389	159
43	0	68200	212	49	50	76417	187	56	40	83549	
43	10	68412		50	0	76604		56	50	83708	158
43	20	68624	211	50	10	76791	186	57	0	83867	157
43	30	68835		50	20	76977		57	10	84025	
43	40	69046	210	50	30	77162	185	57	20	84182	156
43	50	69256		50	40	77347	184	57	30	84339	155
44	0	69466	209	50	50	77531		57	40	84495	
44	10	69675		51	0	77715	183	57	50	84650	154
44	20	69883	208	51	10	77897	182	58	0	84805	153
44	30	70091	207	51	20	78079		58	10	84959	152
44	40	70298		51	30	78261	181	58	20	85112	
44	50	70505	206	51	40	78442	180	58	30	85264	151
45	0	70711	205	51	50	78622		58	40	85415	150
45	10	70916		52	0	78801	179	58	50	85566	
45	20	71121	204	52	10	78980	178	59	0	85717	149
45	30	71325		52	20	79158		59	10	85866	148
45	40	71529	203	52	30	79335	177	59	20	86015	147
45	50	71732	202	52	40	79512	176	59	30	86163	
46	0	71934		52	50	79688		59	40	86310	146
46	10	72136	201	53	0	79864	175	59	50	86457	145
46	20	72337	200	53	10	80038	174	60	0	86602	144
46	30	72537		53	20	80212		60	10	86747	
46	40	72737	199	53	30	80386	173	60	20	86892	143
46	50	72936		53	40	80558	172	60	30	87036	142
47	0	73135	198	53	50	80730		60	40	87178	
47	10	73333	197	54	0	80902	171	60	50	87320	141
47	20	73531		54	10	81072	170	61	0	87462	140
47	30	73728	196	54	20	81242	169	61	10	87603	139
47	40	73924	195	54	30	81411		61	20	87743	
47	50	74119		54	40	81580	168	61	30	87882	

圆 周 弦 长 表

弧		倍弧所对半弦	每隔1度的差额	弧		倍弧所对半弦	每隔1度的差额	弧		倍弧所对半弦	每隔1度的差额
度	分			度	分			度	分		
61	40	81784	138	68	40	93148		75	40	96887	
61	50	88158	137	68	50	93253	150	75	50	96959	71
62	0	88295		69	0	93358	104	76	0	97030	70
62	10	88431	136	69	10	93462	103	76	10	97099	69
62	20	88566	135	69	20	93565	102	76	20	97169	68
62	30	88701	134	69	30	93667		76	30	97237	
62	40	88835		69	40	93769	101	76	40	97304	67
62	50	88968	133	69	50	93870	100	76	50	97371	66
63	0	89101	132	70	0	93969	99	77	0	97437	65
63	10	89232	131	70	10	94068	98	77	10	97502	64
63	20	89363		70	20	94167		77	20	97566	63
63	30	89493	130	70	30	94264	97	77	30	97630	
63	40	89622	129	70	40	94361	96	77	40	97692	62
63	50	89751	128	70	50	94457	95	77	50	97754	
64	0	89879		71	0	94552	94	78	0	97815	61
64	10	90006	127	71	10	94646	93	78	10	97875	60
64	20	90133	126	71	20	94739		78	20	97934	59
64	30	90258		71	30	94832	92	78	30	97992	58
64	40	90383	125	71	40	94924	91	78	40	98050	57
64	50	90507	124	71	50	95015	90	78	50	98107	56
65	0	90631	123	72	0	95105		79	0	98163	55
65	10	90753	122	72	10	95195	89	79	10	98218	54
65	20	90875	121	72	20	95284	88	79	20	98272	
65	30	90996		72	30	95372	87	79	30	98325	53
65	40	91116	120	72	40	95459	86	79	40	98378	52
65	50	91235	119	72	50	95545	85	79	50	98430	51
66	0	91354	118	73	0	95630	84	80	0	98481	50
66	10	91472		73	10	95715	83	80	10	98531	49
66	20	91590	117	73	20	95799	82	80	20	98580	
66	30	91706	116	73	30	95882	81	80	30	98629	48
66	40	91822	115	73	30	95964		80	40	98676	47
66	50	91936	114	73	50	96045		80	50	98723	46
67	0	92050	113	74	0	96126	80	81	0	98769	45
67	10	92164		74	10	96206	79	81	10	98814	44
67	20	92276	112	74	20	96285	78	81	20	98858	43
67	30	92388	111	74	30	96363	77	81	30	98902	42
67	40	92499	110	74	40	96440		81	40	98944	
67	50	92609	109	74	50	96517	76	81	50	98986	41
68	0	92718		75	0	96592	75	82	0	99027	40
68	10	92827	108	75	10	96667	74	82	10	99067	39
68	20	92935	107	75	20	96742	73	82	20	99106	38
68	30	93042	106	75	30	96815	72	82	30	99144	

圆 周 弦 长 表

弧		倍弧所对半弦	每隔1度的差额	弧		倍弧所对半弦	每隔1度的差额	弧		倍弧所对半弦	每隔1度的差额
度	分			度	分			度	分		
82	40	99182		85	10	99644	24	87	40	99917	
82	50	99219	36	85	20	99756	23	87	50	99928	11
83	0	99255	35	85	30	99776	22	88	0	99939	10
83	10	99290	34	85	40	99795		88	10	99949	9
83	20	99324	33	85	50	99813	21	88	20	99958	8
83	30	99357		86	0	99830	20	88	30	99966	7
83	40	99389	32	86	10	99847	19	88	40	99973	6
83	50	99421	31	86	20	99863	18	88	50	99979	
84	0	99452	30	86	30	99878		89	0	99985	5
84	10	99482	29	86	40	99668	17	89	10	99989	4
84	20	99511	28	86	50	99692	16	89	20	99993	3
84	30	99539	27	87	0	99714	15	89	30	99996	2
84	40	99567		87	10	99736	14	89	40	99998	1
84	50	99594	26	87	20	99892	13	89	50	9999	0
85	0	99620	25	87	30	99905	12	90	0	100000	0

平面三角形的边和角

【按哥白尼原定写作方案，为第二卷第 2 章】

一

已知三角形的角，可求各边。

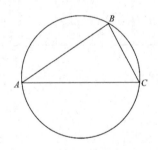

图　1-12

令三角形为 ABC。按欧氏著作第四卷问题 5，对它作外接圆，于是在 $360°$ 等于两个直角的系统内，AB、BC 和 CA 三段弧都可求得。在弧已知时，内接三角形的边可按上面的表当作弦求出。取直径为 200000，由此确定边长的单位。

二

已知三角形的一角和两边,则另一边和两角可求得。

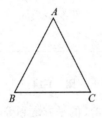

图　1-13

已知的两边可以相等或不等,已知的角可以是直角、锐角或钝角,而已知角可以是或不是已知两边的夹角。

二甲

首先,令三角形 ABC 中已知两边 AB 和 AC 相等。该两边夹已知角 A。于是其他的角,即在底边 BC 两侧的角可以求得。该两角相等,各等于两直角减去 A 角后的一半。如果底边的一角原来已知,于是与之相等的角已知,两直角减掉它们后,另一角也求得了。当三角形的角与边都已知时,底边 BC 可由表查得。取半径 AB 或 AC 等于100000,或直径等于200000。

二乙

如果 *BAC* 为两已知边所夹的直角,可得同样结果。

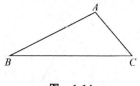

图 1-14

很清楚,*AB* 和 *AC* 的平方之和等于底边 *BC* 的平方。因此 *BC* 的长度可以求出,于是各边的相互关系也求得了。与直角三角形外接的是一个半圆,其直径为底边 *BC*。取 *BC* 为 200000 单位,便可得 *B*、*C* 两角所对弦 *AB* 和 *AC* 的长度。已知 *B*、*C* 两角的度数(180°等于两直角),便可用它们查表。如果 *BC* 和夹直角两边中的一边已知,也可得到相同结果。我认为,这一点现在完全清楚。

二丙

现在令已知角 *ABC* 为锐角,夹它的两边 *AB* 和 *BC* 都已知。从 *A* 点向 *BC* 作垂线,需要时延长 *BC* 线(是否需要,视垂线落在三角形内或外而定)。令垂线为 *AD*。

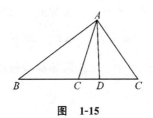

图　1-15

由它形成两个直角三角形 ABD 和 ADC。D 是直角,而
按假设 B 角已知,因此三角形 ABD 的角都已知。于是
A、B 两角所对的弦 BD 和 AD 可由表查出,用直径 AB
为 200000 的单位表示。AD、BD 以及 CD 的单位都与
AB 相同。BC 超过 BD 的长度为 CD。因此在直角三角
形 ADC 中,AD 和 CD 两边可知,所求的边 AC 和角
ACD 也都可按上述方法得出。

二丁

　　假如 B 角是钝角,结果是一样的。从 A 点向 BC 的
延长线作垂线 AD,由此形成三个角均已知的三角形
ABD。ABD 角是 ABC 角的补角,而 D 角是直角。于
是 BD 和 AD 都可以用 AB 为 200000 的单位表示。因
为 BA 和 BC 的相互比值已知,BC 也可用与 BD 相同

的单位表示,于是整个 CBD 也如此。直角三角形 ADC 的情况与此相同,因为 AD 和 CD 两边已知,于是所需的边 AC 以及 BAC 和 ACB 两角都可求出。

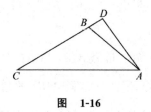

图 1-16

二戊

现在令已知两边之一与已知角 B 相对。令这个对边为 AC,而另一已知边为 AB,于是 AC 可由表查出,三角形 ABC 的外接圆的直径为 200000。由 AC 与 AB 的已知比值,AB 可用相同单位表示。查表可得 ACB 角和剩下的 BAC 角。用后面这一角度,弦 CB 也可求得。当这一比值已知时,边长可用任何单位表示。

三

如果三角形各边已知,各角均可求得。

对于等边三角形,每个角都是两直角的三分之一。这一事实尽人皆知。

等腰三角形的情况也很清楚。两等边与第三边之比等于半径与弧所对弦之比。通过弧,可以由表查出两等边所夹的角。角度的单位为 360°中心角等于 4 个直角。在底边旁边的两个角各为从两直角减去两等边所夹角所余量的一半。

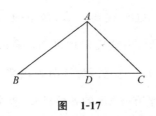

图 1-17

尚待研究的是不等边三角形。它们也可以分解为直角三角形。令 ABC 为三边均已知的不等边三角形。对最长边(例如为 BC)作垂线 AD。按欧氏著作,Ⅱ,B,一个锐角所对 AB 边的平方小于其他两边的平方之和,差额为乘积 $BC×CD$ 的两倍。C 应为锐角,否则按欧氏著作,Ⅰ,17 以及随后的两条定理,AB 会成为最长边,而这违反假设。因此 BD 和 DC 都已知;于是和已经多次遇到的情况一样,三角形 ABD 和三角形 ADC 都为边与角均已知的直角三角形。由此可求得三角形 ABC 的所求各角。

另一种做法是按欧氏著作Ⅲ,也许更容易得出同样结果。令最短边为 BC。以 C 为中心,BC 为半径画的圆会与其他两边或其中的一边相截。

先让圆与两边都相截,与 AB 截于 E 点,与 AC 截于 D 点。延长 ADC 线到 F 点,使 FDC 的长度等于直径。用这一图形,由欧氏定理可知,乘积 FA×AD 等于乘积 BA×AE。这是因为该两乘积都等于从 A 点对圆所作切线的平方。AF 的各段已知,整个 AF 也可知。CF 和 CD 都是半径,自然均等于 BC。AD 为 CA 超过 CD 的长度。因此乘积 BA×AE 也已知。于是 AE 的长度以及 BE 弧所对 BE 弦的长度都可求得。连接 EC,便得各边已知的等腰三角形 BCE。因此 EBC 角可求得。于是由前述可以得到三角形 ABC 的其他两角 C 和 A。

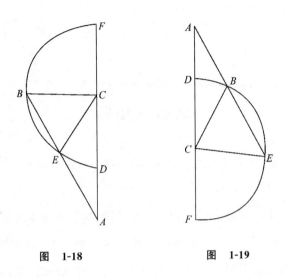

图 1-18　　　　　　图 1-19

现在如第二图所示,设圆不与 AB 相截,然而 BE 已知。进一步说,在等腰三角形 BCE 中 CBE 角已知,它的补角 ABC 也可求出。按与前面完全相同的推证程序,可得其他角。

上述各点(包括测量学的较多内容)可以满足平面三角形的需要。下面讲述球面三角形。

球面三角形

【按哥白尼原定写作方案,为第二卷第 3 章】

下面我把凸面三角形认作在球面上由三条大圆弧围成的圆形。一个角的大小以及各个角之差,用以角的顶点为极所画大圆的弧长度量。该弧在形成该角的大圆上截出。这样截出的弧与整个圆周之比,等于相交角与 4 个直角之比。我所说的整个圆周和 4 个直角都含 360 个相等的分度。

一

如果球面上有三段大圆的弧,其中任意两段之和比第三段长,它们显然可以形成一个球面三角形。

关于圆弧的这段话在欧氏著作,Ⅺ,23 已经对角度证明过。因为角之比和弧之比相同,而大圆的面通过球心,成为弧的 3 段大圆显然在球心形成一个立体角,因此本定理成立。

二

三角形的任一边均小于半圆。

半圆在球心并不形成角度,而成一直线穿过球心。在另一方面,其余两边所属的角在球心不能构成立体角,因此不能形成球面三角形。我认为,这就是托勒密在论述这类三角形(特别是球面扇形)时规定各边均不能大于半圆的理由(《至大论》,Ⅰ,13)。

三

在直角球面三角形中,直角对边的 2 倍弧所对弦同其一邻边 2 倍弧的弦之比,等于球的直径同另一邻边与对边所夹角的 2 倍在大圆上所对弦之比。

全球面三角形 ABC 中 C 为直角。我要说明,两倍 AB 所对的弦同两倍 BC 所对的弦之比等于球的直径同两倍 BAC 角在大圆上所对弦之比。

取 A 为极,画大圆弧 DE。作成 ABD 和 ACE 两象

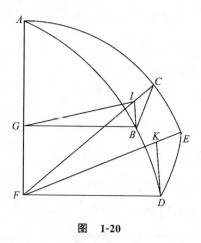

图 1-20

限。从球心 F 画下列各圆面的交线：ABD 和 ACE 的交线 FA；ACE 和 DE 的交线 FE；ABD 和 DE 的交线 FD 以及 AC 和 BC 两圆面的交线 FC。然后画垂直于 FA 的直线 BG，垂直于 FC 的 BI 以及垂直于 FE 的 DK。连接 GI 线。

如果一圆与另一圆相交并通过其两极，则两圆相交成直角。因此 AED 为直角。按假设，ACB 也是直角。于是 EDF 和 BCF 二平面均垂直于 AEF。在后一平面上的 K 点作一条与交线 FKE 垂直的直线。按平面相互垂直的定义，这条垂线与 KD 相交成另一直角。因此按欧氏著作，Ⅺ,4,KD 也垂直于 AEF。用同样方法，作 BI 垂直于同一平面，于是按欧氏著作，Ⅺ,6,DK 和 BI 相互平行。与此类似，因为 FGB 和 GFD 都是直角，GB 平行于 FD。按欧几里得《几何原本》，Ⅺ,10,FDK 角等于 GBI 角。但 FKD 是直角，按垂线的定义 GIB 也是直角。相似三角形的边长成比例，DF 比 BG 等于 DK 比 BI。

　　因为 BI 垂直于半径 CF，BI 是 CB 的倍弧所对的半弦。同样可知，BG 是 BA 的倍边所对的半弦；DK 是 DE 的倍边或 A 的倍角所对的半弦；而 DF 是球的半径。因此显然可知，AB 的倍边所对的弦与 BC 的倍边所对的弦之比，等于直径与 A 的倍角或 DE 的倍弧所对的弦之比。这个定理的证明对后面是有用的。

四

　　在任何三角形中，一角为直角，若另一角和任一边已知，则其余的角和边均可求。

　　令三角形 ABC 中 A 为直角，而其余两角之一（例如 B）也已知。至于已知边，可分三种情况。它与两已知角都相邻，即为 AB；仅与直角相邻，为 AC；或者为直角的对

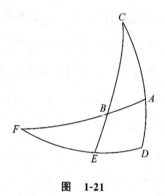

图　1-21

边，即 BC。

　　先令已知边为 AB。以 C 为极，作大圆的弧 DE。连接象限 CAD 和 CBE。延长 AB 和 DE，使之相交于 F 点。因为 A 和 D 都是直角，F 也是 CAD 的极。如果球面上的两个大圆相交成直角，它们彼此平分并都通过对方的极点，因此 ABF 和 DEF 都是象限。因 AB 已知，象限的其余部分 BF 也可知，EBF 角等于其对顶角 ABC，而后者已知。按前面的定理，与两倍 BF 所对的弦同与两倍 EF 所对的弦之比，等于球的直径同与两倍 EBF 角所对的弦之比。因为它们之中有三个量（即球的直径，BF 和 EBF 角一倍或它们的一半）已知。因此，按欧氏著作，Ⅵ，15，与 EF 的倍弧所对的半弦也可知。按表，EF 弧已知。因此，象限的其余部分 DE，即所求的角 C 可知。

反过来，同样可得 DE 和 AB 的倍弧所对弦之比等于 EBC 与 CB 之比。但已有 3 个量已知，即 DE、AB 和象限 CBE。因此第四个量(即二倍 CB 所对的弦)可知，于是所求边 CB 也可知。就倍弧所对弦来说，CB 与 CA 之比等于 BF 与 EF 之比。这两个比值都等于球的直径与两倍 CBA 角所对弦之比。两个比值都等于相同比值，它们彼此相等。因此，既然 BF、EF 和 CB 等三个量已知，第四个量 CA 可以求得，而 CA 为三角形 ABC 的第三边。

令 CA 是假定为已知的边，需要求的是 AB 和 BC 两边以及其余角 C。如果作反论证，两倍 CA 所对弦与两倍 CB 所对弦之比等于两倍 ABC 角所对弦与直径之比。由此可得 CB 边以及象限的剩余部分^① AD 和 BE。于是再次得两倍 AD 所对弦与两倍 BE 所对弦之比等于两倍 ABF 所对弦(即直径)与两倍 BF 所对弦之比。

---

① 即余边。

因此可得弧 BF，而其余边为 AB。用与上述相似的推理过程，从两倍 BC、AB 和 FBE 所对的弦，可得两倍 DE 所对的弦，即余下的角 C。

进而言之，如果 BC 已知，可仿前述求得 AC 以及余边 AD 和 BE。正如已经多次谈到的，用这些量并通过所对直线和直径，可得弧 BF 及余边 AB。于是按前述定理，由已知的 BC、AB 和 CBE，可得 ED，这即是我们要求的余下的角 C。

于是又一次在三角形 ABC 中，A 和 B 两角已知，其中 A 为直角，三边中有一边已知，则第三角与其他两边可以求得。证讫。

五

如果三角形的角都已知，其中一个为直角，则各边可知。

仍用前图。在图中，因角 C 已知，弧 DE 可知，于是象限的剩余部分 EF 也可知。因为 BE 是从 DEF 的极画出的，BEF 为直角。EBF 为一个已知角的对顶角。因此按前述定理，三角形 BEF 有一个直角 E、另一已知

角 B 和已知边 EF ,则它的边和角均可知。于是 BF 可知,象限的剩余部分 AB 也可知。按前述,在三角形 ABC 中同样可以证明其余的边 AC 和 BC 都可知。

六

如果在同一球面上有两个三角形,它们各有一直角,一个相应角和一个相应边彼此相等,则无论该边与相等的角相邻或相对,余下的两个相应边以及一个相应角均彼此相等。

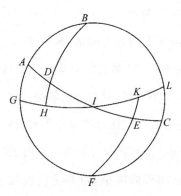

图 1-22

令 ABC 为半球。在它上面作两个三角形 ABD 和 CEF。令 A 和 C 为直角。进一步令角 ADB 等于角

CEF,并令各有一边相等。先令相等边为相等角的邻边,即令 $AD=CE$。还有 AB 边等于 CF 边,BD 等于 EF 和余下的角 ABD 等于余下的角 CFE。

以 B 和 F 为极,画大圆的象限 GHI 与 IKL。连接 $AD1$ 和 CEI。它们应在半圆的极(即 I 点)相交,这是因为 A 和 C 为直角,而 GHI 与 CEI 都通过圆 ABC 的两极。因 AD 和 CE 已取为相等边,则它们的余边 DI 和 IE 应相等,角 IDH 和角 IEK 是取为相等角的对顶角,也应相等。H 和 K 为直角。等于同一比值的两个比值应当相等。两倍 ID 所对弦与两倍 HI 所对弦之比,等于两倍 EI 所对弦与两倍 IK 所对弦之比。

按上述定理三,这些比值中每一个都等于球的直径与两倍 IDH 角所对弦(或与之相等的两倍 IEK 角所对弦)之比。两倍 DI 弧所对弦等于两倍 IE 所对弦。因此,按欧几里得《几何原本》,Ⅴ,14,两倍 IK 和 HI 所对弦也相等。在相等的圆中,相等的直线截出相等的弧,而分数在乘以相同的因子后保持相同的比值。因此,单弧 IH 与 IK 相等。象限的剩余部分 GH 和 KL 也相等。于是 B 与 F 两角显然相等。

因此两倍 AD 所对弦与两倍 BD 所对弦之比以及两倍 CE 所对弦与两倍 BD 所对弦之比，都等于两倍 EC 所对弦与两倍 EF 所对弦之比。按定理三的逆定理，这两个比值都等于两倍 HG（或与之相等的 KL）所对弦与两倍 BDH 所对弦（即直径）之比。AD 等于 CE。因此，按欧几里得《几何原本》，V，14，由两倍 BD 和 EF 所对直线，可知这两段弧相等。

已知 BD 和 EF 相等，我将用同样方法证明其余的边与角均各自相等。如果把 AB 和 CF 改设为相等边，则由比值的相等关系可得同样结论。

七

如果没有直角，假如相等角的邻边等于相应边，则相同的结论可予证明。

在 ABD 和 CEF 两个三角形中，令任意两角 B 和 D 等于两相应角 E 和 F。还令与相等角相邻的边 BD 等于边 EF。则这两个三角形的边和角都相等。

又一次以 B 和 F 为极，画大圆的弧 GH 和 KL。令 AD 和 GH 延长时相交于 N，而 EC 和 LK 相似延长时

相交于 M。于是在两个三角形 HDN 和 EKM 中,角

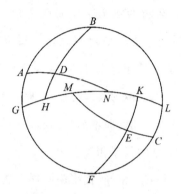

图　1-23

HDN 和角 KEM 作为假定为相等角的对顶角,也是相

等的。H 和 K 都通过极点,因此是直角。进一步说,边

DH 和 EK 相等。因此按上一条定理,两三角形的角和

边各自相等。因为假设 B 和 F 两角相等,GH 和 KL 又

一次是相等的弧。按相等量相加后仍然相等这一公理,

整个 GHN 等于整个 MKL。因此此处两三角形 AGN 和

MCL 也有一边 GN 等于一边 ML,角 ANG 等于角 CML,

并有直角 G 和 L。根据这一理由,这些三角形的边与角

都各自相等。从相等量减去相等量后,其差仍相等,因此

AD 等于 CE,AB 等于 CF,角 BAD 等于角 ECF。

证讫。

八

进而言之,如果两三角形有两边等于两相应边,还有一角等于一角(无论为相等边所夹角还是底角),则底边也应等于底边,其余两角各等于相应的角。

在上图中,令边 AB 等于边 CF,AD 等于 CE。先令相等边所夹角 A 等于角 C。求证底边 BD 也等于底边 EF,角 B 等于角 F,而角 BDA 等于角 CEF。

我们有两个三角形 AGN 和三角形 CLM,它们的角 G 和 L 都是直角,而角 GAN 和角 CLM 作为相等角 BAD 和 ECF 的补角也相等;GA 等于 LC。因此两个三角形的相应角与边都相等。AD 和 CE 相等,DN 和 ME 也相等。但已经证明角 DNH 等于角 EMK。已知 H 和 K 为直角,三角形 DHN 和三角形 EMK 的相应角与边也都相等。则 BD 等于 EF,GH 等于 KL。两三角形的角 B 与角 F 相等,角 ADB 和角 FEC 也相等。

但如果不取边 AD 和 EC,而令底边 BD 和 EF 相等。这些底边与相等角相对,其余一切都与前面一样,证明可以同样进行。作为相等角的补角,角 *GAN* 与角 *MCL* 相等。*G* 和 *L* 是直角。*AG* 等于 *CL*。于是与前述相同,三角形 *AGN* 和三角形 *CLM* 的相应角与边都相等。对它们所包含的三角形 *DHN* 和 *MEK* 来说,情况是一样的。*H* 和 *K* 为直角;角 *DNH* 等于角 *KME*;*DH* 和 *EK* 都是象限的剩余部分,这两边相等。从这些相等关系,可以得出已阐明的相同结论。

九

在球面上也是这样,等腰三角形底边的两角相等。

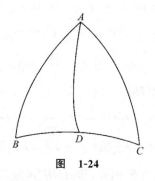

图　1-24

令三角形 *ABC* 的两边 *AB* 和 *AC* 相等。求证两底角 *ABC* 和 *ACB* 也相等。从顶点 *A* 画一个与底边垂直的(即通过底边之极的)大圆。令此大圆为 AD。于是在 ABD 和 ADC 两三角形中,边 AB 等于边 AC;AD 为两三角形的共同边;在 D 点的两角为直角。因此很清楚,按上述定理角 ABC 和角 ACB 相等。

证讫。

推论

根据本定理和上述定理明显可知,从等腰三角形顶点画的与底边垂直的弧使底边平分,同时使相等边所夹角平分,反之亦然。

十

相应边都相等的两任意三角形,其相应角也各自相等。

在这两种情况下,三段大圆形成角锥体,其顶点都在球心。但它们的底是由凸三角形的弧所对直线形成的平面三角形。按立体图形相等和相似的定义,这些角锥体是相似和相等的。可是当两个图形相似时,它们的相应角也应相等。尤其是对相似形体作更普遍定义的人们要求,具有相似构形的任何形体,它们的相应角都是相等的。我想从这些道理显然可知,相应边相等的球面三角形是相似的,这与平面三角形的情况是一样的。

十一

若任何三角形的两边和一角已知,则其余的角和边都可知。

如果已知边相等,则两底角相等。按定理九的引理,从直角顶点画垂直于底边的弧,可使待证命题自明。

但在三角形 ABC 中已知边可以不相等。令 A 角和两边已知。该两边可夹或不夹已知角。

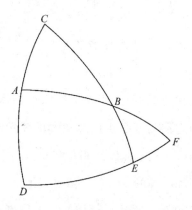

图　1-25

先令已知角为已知边 AB 和 AC 所夹。以 C 为极，画大圆弧 DEF。完成象限 CAD 和 CBE。延长 AB，使之与 DE 相交于 F 点。于是在三角形 ADF 中，边 AD 是从象限减去 AC 的剩余部分①，也已知。则角 BAD 等于两直角减去角 CAB②，角 BAD 也已知。角度及其大小的比值与从直线和平面相交所得比值相同。D 为直角。因此按定理四，三角形 ADF 为各角与边都已知的三角形。又一次在三角形 BEF 中，F 角已求得；E 角的两边都通过极点，因此是直角；边 BF 是整个 ABF 超出 AB 的部分，也是已知的。因此按同一定理，BEF 也是一个各角和边都已知的三角形。于是从 BE 可求得象限的剩余部分，即所求边 BC。从 EF 可得整个 DEF 的剩余部分 DE，这即是 C 角。从 EBF 角可求得其对顶角 ABC，此即所求角。

但是，如果假定为已知的边不是 AB，而是已知角所对的边 CB，仍会得出相同结果。AD 和 BE 作为象限的

---

① 即 AC 的余边。
② 即 CAB 的补角。

剩余部分,都已知。按与前面相同的论证,ADF 和 BEF 两三角形的各角和边都可知。正如前面提出的,从这两个三角形可求得主题三角形 ABC 的各边和角。

十二

进而言之,如果任何两角和一边已知,可得同样结果。

仍用前面的图形,在三角形 ABC 中令角 ACB 和角 BAC 以及与它们都相邻的边 AC 均已知。此外,若已知角中任一个为直角,则按前述定理四的论证,其他一切均可求得。然而我要论证的为已知角都不是直角。于是 AD 为象限 CAD 减去 AC 的剩余部分;角 BAD 等于两直角减去 BAC;而 D 是直角。因此按前面定理四,三角形 AFD 的角与边均可知。但因 C 角已知,弧 DE 可知,剩余部分 EF 也可知。角 BEF 为直角,F 是两个三角形共有的角。按前述定理四,同样可求得 BE 和 FB,由此可以求得其余的边 AB 和 BC。

在另一情况下,已知角中的一个与已知边相对。例如,已知角不是角 ACB 而是角 ABC,而其他一切不变,则与前面相同的论证可以说明整个三角形 ADF 是各角和边都可知的三角形。对次级三角形 BEF 来说,情况是一样的。F 角是两三角形的公共角,角 EBF 为一已知角的对顶角,而 E 为直角。因此,正如前面已证明的,该三角形各边均可知。最后,由这些边可以得出与我所阐明的相同的结论。所有这些性质之间随时都有一种不变的相互关系,犹如球形所满足的关系。

十三

最后,如果三角形各边已知,其角均可知。

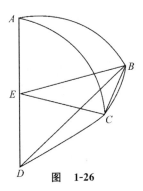

图　1-26

令三角形 ABC 各边已知。求各角。三角形的边可以相等或不相等,先令 AB 等于 AC。与两倍 AB 和 AC

相对的半弦显然也相等。令这些半弦为 *BE* 和 *CE*。它们会相交于 *E* 点,这是因为它们与位于 *DE*(它们的圆的交线)上的球心是等距的。这从欧氏著作,Ⅲ,定义 4 及其逆定义中明显可知。但按欧氏著作,Ⅲ,3,角 *DEB* 是平面 *ABD* 上的一个直角,*DEC* 也是平面 *ACD* 上的一个直角。因此,按欧氏著作,Ⅺ,定义 4,角 *BEC* 是这两个平面的交角。角 *BEC* 可按下列方法求得。它与直线 *BC* 相对。于是有平面三角形 *BEC*。它的边可由已知的弧求得。*BEC* 的各角也可知,于是由前述可得所求的角 *BEC*(即球面角 *BAC*)及其他两角。

　　但是如第二图所示,三角形可能是不等边的。

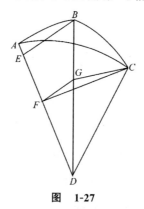

图　1-27

显然,与两倍边相对的半弦不会相交。令弧 AC 大于 AB,并令 CF 为与两倍 AC 相对的半弦。于是 CF 从下面通过。但如果弧 AC 小于 AB,半弦会高一些。这按欧氏著作,Ⅲ,15,视这些线距中心较近抑或较远而定。

画 FG 使之平行于 BE。令 FG 与圆的交线 BD 相交于 G 点。连接 CG。于是角 EFG 显然为直角,它当然等于角 AEB。因为 CF 是两倍 AC 所对的半弦,角 EFC 也是直角。于是角 CFG 为 AB 和 AC 两圆的交角。因此角 CFG 也可得出。由于三角形 DFG 与三角形 DEB 为相似三角形,DF 比 FG 等于 DE 比 EB。因此 FG 单位与 FC 相同。但 DG 与 DB 也有同一比值。取 DC 为 100000,DG 也可用同样单位表出。此外,角 GDC 可从弧 BC 求得。因此,按关于平面三角形的定理二,边 GC 可用与平面三角形 GFC 其余各边相同的单位表示。按平面三角形的最后一条定理,可得角 GFC,此即所求球面角 BAC,然后按球面三角形的定理十一可以求得其余的角。

十四

如果将一段圆弧任意地分割为两段短于半圆的弧，[①]若两段弧的两倍所对半弦之比已知，则可求每段弧长。

令 ABC 为已知圆弧，D 为圆心。令弧 ABC 被 B 点分割成任意两段，但须使它们都短于半圆。令两倍 AB 与两倍 BC 所对半弦之比可用某一长度单位表出。我要说明弧 AB 和弧 BC 都可求。

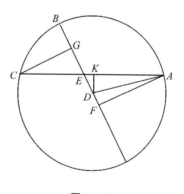

图 1-28

---

① 英译本原文为两段弧之和小于半圆，有误，现据俄译本改正。

画直线 AC，它与直径相交于 E 点。从端点 A 和 C 向直径作垂线。令这些垂线分别为 AF 和 CG，它们应为两倍 AB 和 BC 所对的半弦。于是在直角三角形 AEF 和 CEG 中，在 E 的对顶角相等。因此两三角形的对应角都相等。

作为相似三角形，它们的与相等角所对的边成比例：AF 比 CG 等于 AE 比 EC。于是 AE 和 EC 可用与 AF 或 GC 相等的单位表出。由 AE 和 EC 可得用相同单位表示的整个 AEC。但是作为弧 ABC 所对弦的 AEC，可用表示半径 DEB 的单位求得。还可用同样单位求得 AK（AC 的一半）以及剩余部分 EK。连接 DA 和 DK，它们可以用与 DB 相同的单位求出。DK 是从半圆减去 ABC 后余下的弧所对弦长的一半。余下的这段弧包含在 DAK 角内。

因此可得 ADK 为包含一半 ABC 弧的角。但是在三角形 EDK 中，因为两边已知，而角 EKD 为直角，角 EDK 也可求得。于是可得整个 EDA 角。它包含弧 AB，由此还可求得剩余部分 CB。这即是我们所要证明的。

十五

如果三角形所有的角都已知，即使它们都非直角，各边仍均可求。

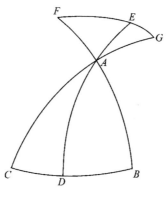

图 1-29

令三角形为 ABC，其各角均已知，但都不是直角。求各边。从任一角，例如 A，通过 BC 的两极画弧线 AD。它与 BC 正交。除非 B、C 两底角中一为钝角，另一为锐角，否则 AD 将落到三角形之内。要是情况如此，就须从钝角作底边的垂线。完成象限 BAF、CAG 和 DAE。以 B 和 C 为极作弧 EF 和 EG。因此角 F 和角

G 也是直角。

于是在两个直角三角形中，两倍 AE 和 EF 所对半弦之比等于球的半径与两倍 EAF 角所对半径之比。

与此相似，在三角形 AEG 中，G 为直角，两倍 AE 和 EG 所对半弦之比等于球的半径与两倍 EAG 角所对半弦之比。因为这些比值相等，两倍 EF 和 EG 所对半弦之比等于两倍 EAF 角和 EAG 角所对半弦之比。作为从直角减掉 B 和 C 角的余量，FE 和 EG 是已知的弧。

于是从 FE 和 EG 可得角 EAF 与角 EAG 两角之比，这即是它们的对顶角 BAD 与 CAD 之比。但整个 BAC 角已知。

因此按上述定理，BAD 和 CAD 两角可求。于是按定理五，可得 AB、BD、AC、CD 各边以及整个 BC 边。

就满足我们目标的需要来说，为三角形所做偏离主题的讨论至此已足够了。如果作更加充分的讨论，就需要有一部专著。

下 篇

学习资源

Learning Resources

扩展阅读

数字课程

思考题

阅读笔记

扩展阅读

书　名：天体运行论（全译本）

作　者：[波兰]哥白尼　著

译　者：叶式辉　译　易照华　校

出版社：北京大学出版社

全译本目录

赤纬对这些弧和角的偏离及其计算

数字课程

请扫描"科学元典"微信公众号二维码,收听音频。

思考题

1. 为什么古人认为地球居于宇宙的中心,而且是静止不动的?

2. 托勒密"地心说"的基本观点是什么?

3. 哥白尼认为"宇宙是球形的""大地是球形的""天体的运动是圆形或是复合的圆形"。他是如何论证这种观点的? 这种论证充分吗?

4. 哥白尼"日心"模型在哪些方面优于托勒密"地心"模型?

5. 从现在的观点看,哥白尼的"日心说"有什么缺陷和错误?

6. 请查阅资料,了解古希腊人提出的宇宙模型。

7. 请查阅资料,了解古代中国人提出的宇宙模型。

8. 请查阅资料,了解现代科学提出的宇宙模型。

9. 《天体运行论》的正文前有一篇序言,是哥白尼写给当时在位的罗马教皇保罗三世的献词。哥白尼为什么要写这篇献词?请结合当时的社会环境,谈谈你的看法。

10. 你如何理解历史上科学与宗教的关系?试举例说明。

阅读笔记

科学元典丛书

已出书目